JN060048

身近な「鳥」の生きざま事典

散歩道や通勤・通学路で見られる
野鳥の不思議な生態

一日一種 著

はじめに

最も身近な動物ウォッチング

野鳥——それは最も身近な野生動物です。動物園に行かなくても、大自然の中に身を置かなくても、家の周りを「お散歩」するだけで見られます。

「どうせスズメ、カラス、ハトぐらいでしょ?」と思われる方もいるかもしれません。しかし、これらも一種一種が強烈な個性を持っています。さらに、よく目を向ければ、街なかでも1日に何十種類もの鳥を見つけることができるのです。初めて探鳥会（野鳥観察会）などにご参加になった方は、必ずといっていいほど、その種類の多さに驚かれます。

そして、何より私が伝えたいのは、このような鳥たちを観察するということは、ただただそれだけで「面白い」ということです。いろんな種類がいて面白い、いろんな色や形があって面白い、いろんな仕草や行動をしていて面白い……などなど、ただただ面白くて、見始めると時間を忘れてずっと見てしまうものです。

本書ではそのような、いろんな身近な鳥たちの「面白い」を楽しくやさしく、紹介していきたいと思います。日々の暮らしの中で、ふつうに観察できる野鳥たちが主役です。

身近な場所（住宅地など）で見られる鳥たちの例

「鳥見」のよいところ

野鳥観察のことを、もっと砕けた言い方で「鳥見(とりみ)」とよくいいます。「バードウォッチング」というと、少しハードルが高く感じられるかもしれませんので、本書では「鳥見」という言葉を使いたいと思います。

鳥見はとても気軽にできる趣味です。また、鳥見をすると「面白い」だけではなく、様々なメリットがあります。

まず歩く楽しみが増えて、運動不足が解消される効果を期待できます。そして、広々とした屋外で鳥の声を聞くことで、心も体もリラックスできることもあるでしょう。他にも、季節の

鳥の声は体によい？

鳥の声は、複雑なフレーズが混じり合った「1/fゆらぎ」といわれる音が特徴です。1/fゆらぎは川や波の音などの他の自然音にも含まれます。ストレス抵抗を高めたり、心を平穏にしたりするホルモン「セロトニン」が分泌されるといった効果があるとされています。

春の訪れなど、季節を感じられる

どこにどんな木があるかなども意識できるようになる

移ろいが感じられたり、身近な環境のことがわかったりと、とても健康的で文化的な趣味といえます。

ただ、様々な鳥と出会うために、少しだけ知っておくとよいことがあります。「心ここにあらざれば、視れども見えず、聴けども聞こえず」という言葉もあるように、何の準備もない状態では、すぐそばにあるものでも、姿や声をとらえるのは難しいものです。ところが、ほんの少しの知識があるだけで、無意識のうちに野鳥が見つかったり、鳴き声が聞こえたりすることも珍しくありません。

ながら鳥見のススメ

通勤しながら鳥見

家事をしながら鳥見

鳥見に、特別な道具や装備は必要ありません。双眼鏡があれば、より充実した観察ができますが、なくても可能です。服装は、一般的には歩きやすいものといわれますが、山奥などに行くのでなければ、スーツでも和服でも問題ありません。ただ、動くと大きな音がする服装は、鳥が警戒してしまうのであまりよくないかもしれません。

また、鳥見は場所を選びません。ふだんの暮らしの中で、誰でも鳥見を取り入れることができます。場所は散歩コースや通勤・通学路などで十分です。最初は散歩をしながら、ジョギングをしながら、通勤・通学しながら……などの「ながら」鳥見がオススメです。

慣れてきて、もっといろんな鳥を見たい！と思ったら、週末などに少し遠出をするのもいいでしょう。

展示動物と野生動物の違い

鳥見のいいところをいろいろあげましたが、動物園などで動物を見るときと違って、野生動物の観察には難しい面もあります。動物園なら、お金を払えば誰でも近くで安全に、珍しい動物が見られますが、本来の暮らしぶりや生きざまは把握しづらいでしょう。一方、野生動物は、時期や場所によっては見られなかったり、距離が遠くて細かいところがわかりづらかったりすることも多いと思います。それぞれにいいところ、難しいところがあります。

展示動物。お金を払えば近くで、安全に観察できる一方、自然の中にいるときのような、本来の暮らしぶりはわかりづらい

野生動物。自然の姿が観察できるが、距離が離れていたり、見られなかったりすることもある

向いている時間帯・時期

繁殖期に入り、さえずりや求愛、巣づくり、交尾などがよく見られる。早い種類では冬の終わり頃から繁殖を始めている。夏鳥が渡来し、冬鳥は渡去

初夏は子育てで忙しく、エサをくわえている鳥をよく見る。年に数回、繁殖する鳥もいる。未だ独身のオスは根気よく求愛している

※真夏は鳥もあまり見られず、人も熱中症の恐れがあるので、鳥見はあまりオススメできない

野鳥は一般的に朝が活発で、よく鳴き、見つけやすい時間帯とされています。通勤・通学時の時間帯はうってつけです。しかし冬は気温が上がらないと鳥もあまり動かなかったりと、一概に朝がよいともいえません。自分の都合のいい時間帯で、無理なく見ることがオススメです。

時期は、初心者なら「冬」がよいでしょう。春~夏は野鳥もよく鳴き、声を楽しむことはできますが、葉が生い茂っている時期なので、見つけるのは少し難しくなります。葉っぱが落ちて、見通しのよい冬の方が観察しやすいでしょう。

小鳥類は群れになり、山野の鳥も多くが平地に降りてくる。水辺がカモ類でにぎやかになる

※冬は葉っぱが落ちて樹林の鳥が見やすくなり、水辺も冬ガモなどが増えるので、初心者には特にオススメ

一部の鳥をのぞき、さえずりはあまり聞こえなくなる。木の実をよく食べる。冬鳥が渡来し、夏鳥は渡去。タカの群れが旋回しながら上昇する「タカ柱」など、春よりも群れでの渡り（移動）が見やすい

見つけるポイント

市街地

鳥が見つからないときは、鳥の気持ちを意識して探すとよいかもしれません。そこで歌うと注目されそうな目立つ梢(こずえ)、水浴びによさそうな水辺、美味(おい)しそうな実がなっている木など、ほんの少し意識するだけで発見率は大きく変わります。そしてその予測や発見の積み重ねが、鳥を見つける目を鍛えてくれます。

前ページで書いたように、鳥が見やすいのは冬です。この季節には、山地から平地に降りてくる鳥(漂鳥(ひょうちょう))もいます。同じ身近な場所でも、より多くの種類が見られるようになるので、気を配ってみましょう。

公園

水辺

鳥見で気をつけたいマナー

人と鳥（自然）のマナー問題の例

営巣中の野鳥を長時間観察していたら、営巣放棄させてしまった

撮影しようとして近づきすぎ、驚かせてしまった

他に、営巣中の野鳥を集団で観察していたら、ヘビやカラスなどの捕食者に卵やヒナを食べられてしまったケースも

鳥見は気軽に、誰でも、どこでもできる趣味である一方、野生動物が相手なので、配慮が必要な場面もあります。同じ鳥見をする人同士でトラブルになることもあります。

最近、そのような鳥見での「マナー」がよく問題になっています。いい写真を撮ることや、珍しい鳥を追うことは、楽しく、やりがいのあることですが、鳥見に夢中になると、ついつい周りが見えなくなってしまうこともあります。周囲に意識を配って、気をつけたいところです。

とはいえ、初心者であれば、気をつけていても、鳥を少し驚かせてしまうことがあります。あまり神経質になりすぎても鳥見を楽しめません。大きな失敗はしないようにしつつ、小さな失敗は次に活かしていけばよいと思います。経験を積めば、人と野生動物の距離感というものが自然とわかってきます。

人と人のマナー問題の例

話し声や物音が大きい人が、他の人も観察中の野鳥を逃してしまった

観察に夢中になり、気づかないうちに一般人の通行を阻害していた

私有地であることに気づかずに侵入してしまい、所有者を困らせた

もくじ

はじめに 002
最も身近な動物ウォッチング 002
「鳥見」のよいところ 004
ながら鳥見のススメ 006
向いている時間帯・時期 008
見つけるポイント 010
鳥見で気をつけたいマナー 012

第1章 人の身近にも食べに来ます エサとり 019
トコトコ歩いてエサ探し! 020
白黒の「コンビニ鳥」 022
実はマヨラー! 024
脂っこいものが大好物 026
人はつねづね 028
カラスに利用されている 030
狙われているのは、 032
あなた……の食べ物! 034
もちろん、花よりだんご! 036
強硬手段で蜜にありつく 038
ツバキに残る 040
ナゾの穴や引っかき傷
花びらも葉っぱも食べる
好奇心旺盛な鳥
大量に散乱する羽毛!
いったい誰がこんなことを
気の毒なスズメやカエルが
串刺しにされた理由
虫のバラバラ死体が
地面に落ちていたら
公園の池に生える
「たけのこ」みたいな鳥

contents

同じ場所をぐるぐる回るナゾの集団、その意図は 042
「ガサガサ」キックで魚をとっていく鳥 044
ルアー釣りの名手！疑似餌を使いこなす鳥 046
頭よりずっと大きいエサも「鵜呑みにする」鳥 048
魚雷のようにエサを持って飛ぶ 050
ツバメが低く飛ぶのは雨が近いしるし？ 052
鳥のクチバシ、人の道具に例えたら？（メジロ　オオタカ） 054

第2章 勝因は押しの一手？それともプレゼント？ 求愛行動 055

ハトの求愛はしつこい❶のどをふくらませてアピール 056
ハトの求愛はしつこい❷何度も頭を下げてお願い 058
イチャイチャと羽づくろいする仲のよさ 060
将来を見据えたメスはオスをプレゼントで品定め 062
「ホケキョ」は2種類、ラブソングならキーが高め 064
鳴き声だけではない、メスへのアピール方法 066
見た目はやっぱり大事？のどの赤さが決め手 068
鳥類の交尾はあっさり一瞬で終わる 070
子どもができない秋や冬にも交尾する？ 072
鳥のクチバシ、人の道具に例えたら？（ヘラシギ） 074

第3章 個性豊かなそれぞれの「我が家」 巣づくり・子育て 075
郵便受けに植木鉢にと自由すぎる巣づくり 076
電柱や屋根周りの優良物件は見逃さない 078
監視カメラの上にも!? 思わぬところに巣を持つ鳥 080
空き家の戸袋をしれっと間借りする 082
河川敷に近い橋は子育てにチョウどいい? 084
カラスの巣は針金のハンガーだらけ 086
column カラス以外にも、都会派の巣づくり 088
ダウンたっぷり! ふわふわのベビーベッド 090
それで本当に完成? ワイルドすぎる巣 092
敵を巣から遠ざける! そのための演技 094
親子で行進? 引越し? おまわりさんに誘導されて 096
鳥のクチバシ、人の道具に例えたら?(ダイシャクシギ) 098
第4章 これ、誰の声? どうしてこの動き? 鳴き声・仕草 099
一度は声を聞いたはず! ボサボサ頭の灰色の鳥 100
「カアカア」と「ガーガー」、2種類のカラスの違い 102
恋のメロディが美しいとは限らない 104
「チッ」の一声だけでも何の鳥かわかる 106

contents

「チュンチュン」だけ？ もっとあるスズメの声 108
「聞きなし」は楽しい！ 夜中に聞こえる「特許許可局」 110
ドアがきしむような音に 自転車のブレーキ音 112
ヨシ原のジャイ〇ン？ インパクト大の歌 114
飛んで息を吸いながら 大きな美声で歌う 116
春告鳥の初鳴き、出来はイマイチ？ 118
モテないオスは 必死に歌い続ける定め 120
都市に進出中！ 美しく鳴く青い鳥 122
キレイな声だけれど うるさいともいわれる外来種 124
おなじみのあの鳥が 言葉を操っている？ 126
鳥が可愛く 首をかしげるわけ 128
ハトが首を前後に 動かすのはなぜ？ 130
「だるまさんが転んだ」を 1羽でやっている鳥 132
鳥のクチバシ、人の道具に例えたら？（ヘラサギ） 134

第5章 まだまだ面白い！ 鳥たちの生きざま

第5章 まだまだ面白い！ 鳥たちの生きざま 135
鳥は恐竜の子孫だと実感！ たくましい姿で日光浴 136
羽毛のかたまりに足1本！ 日中は寝ている鳥たち 138
体を洗うのに使うのは 水、砂、それとも？ 140
水を飲むのも水浴びも 食事も飛びながら 142

暑い日の鳥たちはぽかんと口を開ける 144
寒い日の鳥たちはみんなでふくらむ 146
他の種族との共同生活で厳しい冬を乗り切る 148
ネオンがギラギラする駅前に集結！ 小さな鳥 150
群れがVの字になって飛んでいく合理性 152
柔軟な頭を持っている？ カラスは「遊び」をする 154
自分で自分にケンカを売っている鳥 156
時期を選べば、都会でも珍しい鳥が見られるかも？ 158
column 双眼鏡の選び方・使い方 160
鳥のクチバシ、人の道具に例えたら？（キビタキ） 162

巻末付録マンガ **野鳥のトラブルSOS！** 163
1. ツバメと上手く共生するには？ 164
2. ハトがしつこくて困るときは？ 170
3. 繁殖期のカラスが怖いときは？ 174
4. 野鳥の衝突事故――バードストライク 178
5. ケガした鳥を見つけたら？ 182

おわりに 188
参考文献 190
さくいん 191

第1章

人の身近にも食べに来ます

エサとり

トコトコ歩いてエサ探し！白黒の「コンビニ鳥」

コンビニの前で、尾をピコピコと上下に振る、白黒の鳥を見たことがありますか？　そのよく見られる場所から、「コンビニ鳥」や「駐車場の鳥」ともいわれますが、正しい名前はハクセキレイです。この仲間の英名「Wagtail」も、尾（tail）を振る（wag）鳥という意味です。

尾を振る理由は、詳しくわかっていませんが、天敵などを「警戒」しているときによく振るという研究結果があります。

自然の中では、草地や河川敷、農地周辺などに生息しています。

地上をトコトコ歩いてエサを探しますが、飛ぶ昆虫を捕らえるフライングキャッチも得意です。人がエサをくれるかもしれないと思って近づいてくることもあります。尾を振り、こちらを見つめる仕草は、おねだりしているようで可愛いのですが、安易な餌付（えづけ）は控えましょう。

コンビニの前や駐車場でよく見られるハクセキレイ。人が落とした食べ物のかけらなどを探していることもあるが、エサを与えるのはやめておこう

セキレイの仲間は、
よく尾を上下に振る

人が落としたパンくずや、灯りに
集まる虫などを食べている

実はマヨラー！脂っこいものが大好物

ゴミの中から肉の脂身やポテトチップスを探して食べる。マヨネーズも大好き

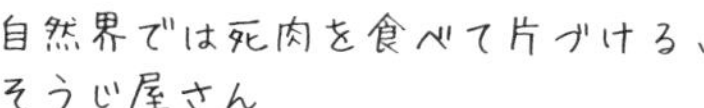
自然界では死肉を食べて片づける、そうじ屋さん

ハシブトガラスは街なかで最もよく見られる鳥の一種でしょう。ですが、英名は「Jungle crow」というように、森林から街なかまで幅広く生息する鳥類です。

雑食性で、自然の中では昆虫や木の実など、様々なものを食べて暮らしています。特に肉類などの脂っこいものを好み、やや肉食寄りの雑食といわれています。動物の死体などもよく食べるので、自然界のそうじ屋さん（スカベンジャー）の役割も担っています。

一方、街なかでは人のゴミを漁（あさ）ってよく食べています。なかでもやはり油もの（肉の脂身、

ポテトチップス、マヨネーズなど）を見つけると、喜んで食べます。脂肪分の多い高カロリーのエサは、飛翔のために体を軽く保つ必要がある鳥類にとっても、都合がよいと思われます。

さらには、屋外の水道に備えつけられている石けんをカラスが持っていってしまった観察例もあるので驚きです。石けんも油脂からつくられているので、エサとして認識しているのかもしれません。しかし石けんの場合は大好きというほどではなく、少しつついてやめてしまうようです。

人はつねづねカラスに利用されている

信号待ちをする車の前にクルミを置き、殻を割らせて食べる

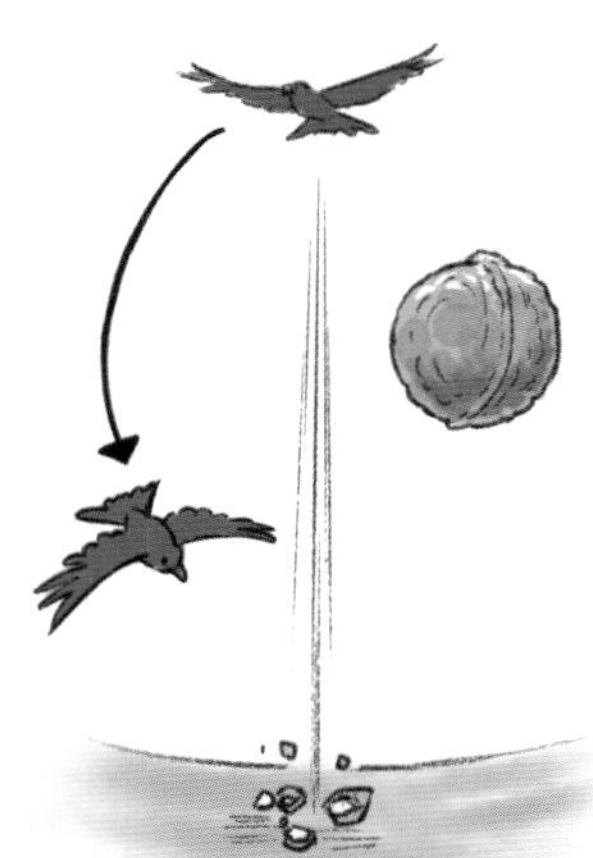

上空から硬い道路にクルミを落とし、殻を割る

カモメも、貝を落として割って食べる

カラスは頭のよい鳥として有名ですが、エサとりに関しても他の鳥には見られない、高度な技を使うことがよくあります。

例えば、クルミや貝を落として割る行動。クルミは殻が硬く、カラスといえどもそれを割るのは至難の業です。そこで、高いところまで舞い上がってから、地上に落として割って食べます。割れなければ、繰り返し落としてチャレンジします。ちゃんと硬い道路や河川敷の石の上などに落とすといいます。カモメなどでも、上空から貝を落として割る行動が観察されています。

さらには、車を使ったクルミ割りもよく観察されています。車が通るところにあらかじめクルミを置いて、車にひかせて食べるというものです。ちゃんと赤信号で停車している車の前に置き、割れても青信号の間は近寄らず、再び赤信号になったら食べに舞い降りるといいます。東北地方で初めて事例が報告され、今では他の地域でも見られるようになっています。

道路に不自然に割れた貝殻やクルミが落ちていたら、それはカラスの仕業かもしれません。

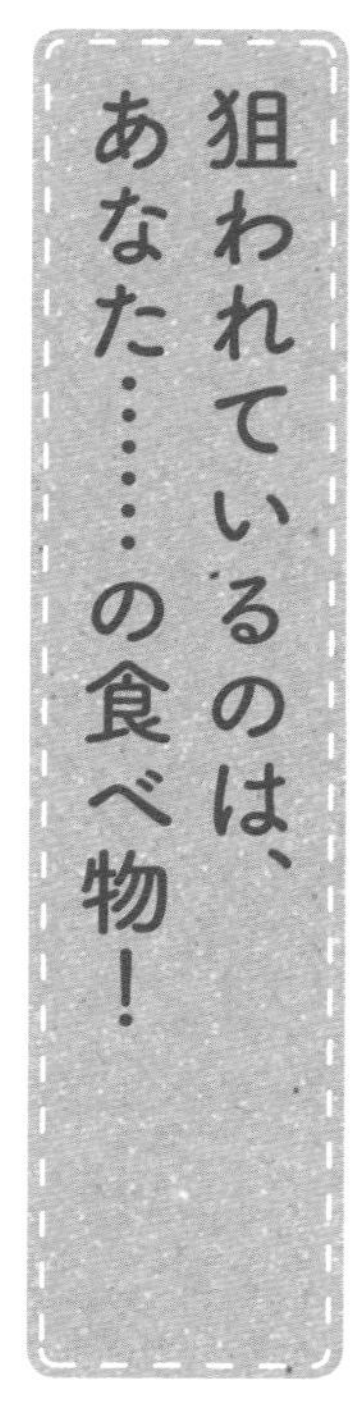

狙われているのは、
あなた……の食べ物！

飛ぶのが上手いことから、「トビ」の名前がついた。群れで飛ぶ

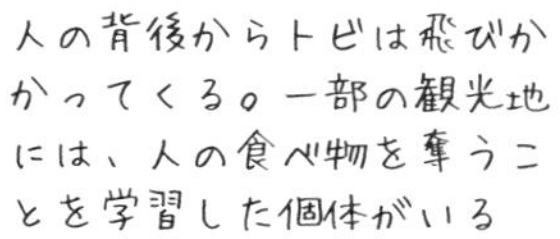

人の背後からトビは飛びかかってくる。一部の観光地には、人の食べ物を奪うことを学習した個体がいる

「ピーヒョロロ……」と鳴きながら、よくのんびり旋回しているトビ。飛ぶのが上手いことから、この名があります。「とんび」という呼び名もおなじみだと思いますが、正しい和名は「トビ」です。

大型猛禽類でありながら、おとなしい気性で積極的な狩りはせず、弱った小動物や死体をよく食べています。カラスと並んで、自然界のそうじ屋さん（スカベンジャー）でもあります。トビをなめてかかるカラスに追いかけ回されることも多く、なんだか憎めない存在です。

しかしそんな温和なトビも、

食べ物を奪ったあとは、素早く飛び去ってしまう

人がたくさん集まる観光地では注意しなければなりません。「トビに油揚げをさらわれる」ということわざがあります。ふいに大事なものを、他人にさらわれるという意味です。トビは人をよく観察しており、背後から人の食べ物をかすめとっていく、というトラブルが海沿いの観光地ではよく起きています。トビに人自体を襲う意志はありませんが、やはり大型の猛禽類なので、爪に当たってケガをしないとも限りません。トビが多い海沿いでは、野外でうかつに食べ物を出さないように注意した方がよいでしょう。

もちろん、花よりだんご！強硬手段で蜜にありつく

サクラの花をくわえるスズメ

サクラが咲く3〜4月頃には、花の蜜(みつ)を求めてメジロ、ヒヨドリなどの鳥が多数、サクラの木にやってきます。スズメもやってきますが、クチバシが太くて短く、舌も特に繊細ではないので、上手く蜜を吸えません。

それでも諦めきれないスズメは、強硬手段に出ます。なんと花をちぎって、花のつけ根の方から蜜を吸うのです。ちぎらなくとも、つけ根に穴をあけ、吸い取ることもあります。

シジュウカラや外来種のワカケホンセイインコなども、同じような「盗蜜」を行います。サクラが満開の時期になると、不

サクラの蜜腺（断面図）

がくの内側に管がある

盗蜜されたサクラの花。花びらではなく、花ごと落ちている

自然にちぎれた花が木の下に落ちていることがあります。落ちている花をよく観察してみると、面白いかもしれません。

おおむね、鳥のクチバシや舌は、次ページのメジロのように、主食となるエサに適した構造に進化しているといえます。しかし、サクラの蜜を吸えるようになったスズメがいるように、生まれつきの向き・不向きにかかわらず、工夫で成功をつかみ取る個体もよくいます。サクラにとって、盗蜜をするスズメは迷惑な存在かもしれませんが、そのたくましい生き方は、人も見習えるところがありそうです。

ツバキに残るナゾの穴や引っかき傷

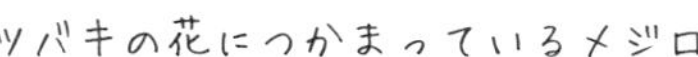
ツバキの花につかまっているメジロ

メジロは花の蜜が大好きな鳥です。花の蜜腺に届きやすいよう、クチバシは細く、長くなっています。舌は管状のストローのような構造で、先がブラシのようになっています。まさに蜜を吸うために進化したかのような体の構造です。

メジロは、長い爪で花やその周辺につかまり、蜜をなめ取ります。体が小さく、体重も軽いので、ツバキの花ぐらいのものならば、簡単につかまることができます。このとき、花に爪を引っかけるので、花びらには穴や傷がつきます。

サクラ、ウメ、コブシ、ツツ

メジロの舌の先は
ブラシ状になっている

ヒヨドリも、花粉をクチバシにつけながら蜜を吸う。果汁や樹液などもなめる

ツバキの花についた穴や傷は、メジロの爪痕

ジ、アロエ、ビワなど、いろんな花を訪れますが、特に冬には、ツバキ類の花によくやってきます。ツバキを吸ったあとのメジロのクチバシには、花粉がよくついています。花粉を風や昆虫に運んでもらう花は多いですが、このように鳥に運んでもらう鳥媒花（ちょうばいか）もあるのです。冬は昆虫の少ない時期なので、冬に咲くツバキにとって、メジロは花粉を運んでくれる、ありがたい存在です。メジロにとっても、エサの少ない時期に蜜が摂取できるので、お互いにウィンウィンの関係にあるといえそうです。

花びらも葉っぱも食べる好奇心旺盛な鳥

花の蜜が好き。ツバキやサクラの木にもよく来るが、ときどき花びらも食べてしまう

鳥を見始めた人が、スズメ、カラス、ハトの次に覚えるのは、だいたいムクドリ（82ページ）かこの鳥、「ヒヨドリ」です。「ピーヨピーヨ」と大きな声で鳴くので、「この声、何？」とよく聞かれる鳥でもあります。

ヒヨドリは昆虫、果実、種子など、様々なものを食べる雑食ですが、ときには驚くようなものまで口にすることがあります。

ツバキの蜜をなめていると思ったら、突然、花びらごと食べ始めたり、ユズリハの葉を食べたりと、鳥類の中でもかなりの悪食といえます。冬には葉物野菜も食べてしまうので、農家

冬、葉物野菜を食べるヒヨドリたち。農家さんにとっては困りもの

ヒヨドリが葉っぱを食べた跡。イモ虫の食べ跡は丸いが、鳥は直線的になる

チョウの翅に残るビークマーク。何かの鳥がついばんだ跡

さんにとっては困った存在です。このとき、食べた跡はイモ虫と違って直線状になるのが特徴です。鳥についばまれたチョウの翅（はね）などでも見られ、「ビークマーク」と呼ばれています。

食べるものに困っているというわけではないようで、飛びながらセミをキャッチしたり、小さな花の蜜を器用に吸ったりと、エサとりはとても上手です。

単純に好奇心が強く、貪欲にいろんな食べ物にチャレンジしているようです。だからこそヒヨドリはこれほどまでに繁栄できているのかもしれません。

オオタカ
Accipiter gentilis

大量に散乱する羽毛！いったい誰がこんなことを

獲物の羽毛をむしるオオタカ。ネコなどと違い、羽毛をキレイに抜く

公園のやぶの中など、人目につきにくいところで、大量の羽毛が散乱していることがあります。タカが鳥を襲った跡です。タカは捕らえた獲物の羽毛をむしるので、食事のあとは大量の羽毛が残るのです。ネコがハトを襲うケースもありますが、ネコはタカほどキレイに羽毛をむしらず、バキバキに羽毛を折ってしまいます。オオタカは1本1本キレイに抜き取るので、羽軸の部分がそのまま残ります。

都市近郊ではオオタカに襲われたハト（特にドバト、56ページ）の羽毛がよく見られます。オオタカは過去には絶滅危惧種

ドバトの羽毛

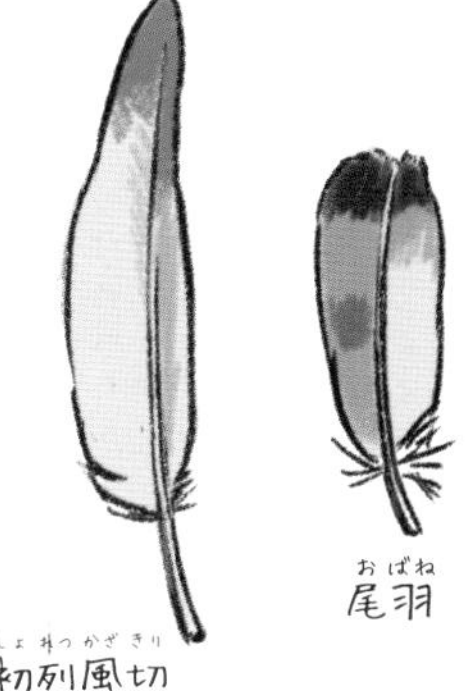

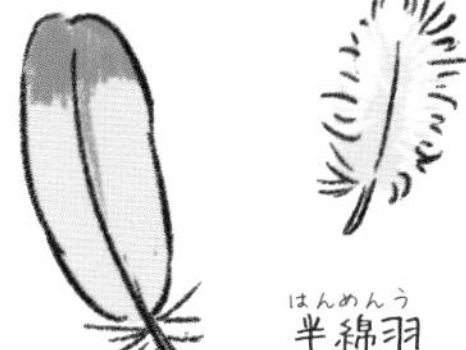

現場には、驚くほど羽毛が大量に散乱しているが、羽軸がキレイに残っている。都市近郊では、ドバトの羽毛がよく見られる。獲物の本体はオオタカが持っていって、残っていないことが多い

ネコやイタチにやられて落ちたドバトの羽毛だと、羽軸が折れていることが多い

でしたが、近年は数も増えてきており、身近な場所で見られる機会も多くなりました。特に冬は、山地で繁殖しているオオタカも平地に降りてくるので、見つけやすいシーズンです。

なお羽毛が散乱している現場は、タカが獲物を「調理」した場所のようで、食べられる部分は基本的に持ち去られています。

気の毒なスズメやカエルが串刺しにされた理由

トゲのある木でハヤニエを立てるモズ

「ギチギチギチ……！」と、他の鳥があまり鳴かない秋に、けたたましい声で鳴いている鳥。モズです。ご存じの方も多いと思いますが、このモズは他の鳥には見られない、ある変わった行動を行います。「ハヤニエ（早贄）」です。

モズが見られる近くで、有刺鉄線やトゲのある木があれば、探してみましょう。串刺しになった気の毒な小動物や昆虫類が見つかると思います。

モズは、昆虫やトカゲ、カエルなどの小さな生き物から、スズメやネズミなど、モズとあまり変わらない大きさの生き物ま

で、ハヤニエにします。さらには、子どものカメすらもハヤニエにすることがあります。

「ハヤニエ」の理由は貯食のため、なわばり誇示のためなど、いろいろといわれています。近年の研究によると、ハヤニエの主な理由の一つとして、オスの婚活があるということがわかりました。繁殖期に入る頃、オスはハヤニエをたくさん食べることによって、よい歌が歌えるとのことです。

秋～冬は、ハヤニエが見つけやすい時期。モズのなわばりの周りで、ハヤニエ探しも面白いかもしれません。

虫のバラバラ死体が地面に落ちていたら

アオバズク。春に日本や朝鮮半島、中国に渡ってきて夏を過ごし、秋頃に東南アジアへ向かう

アオバズクとフクロウ

アオバズクは、全長30センチメートルないぐらいの大きさで、主に昆虫類などを食べる。フクロウは、全長50センチメートルほどの大きさで、主に小型哺乳類、小鳥などを食べる

青葉が茂る4～5月頃、低山を歩いていると、山道にバラバラになった昆虫が落ちているのを見かけることがあります。硬い翅や外皮だけが残っていたとしたら、おそらく犯人はアオバズク。夏鳥として日本にやってくるフクロウの仲間です。ふつうのフクロウはネズミや小鳥などを狩りますが、アオバズクは一回り小さいので、主に昆虫類を狩ります。

渡来初期には、オオミズアオなどの大型のガをよく食べるようで、食べにくい翅だけが落ちていることもあります。夏になってくると、カブトムシやクワガタなどの甲虫類を食べることが多く、硬い外皮の部分だけがバラバラになって落ちています。事件現場の上に、ちょうどよさそうなとまり木があれば、アオバズクの仕業かもしれないと考えていいでしょう。

アオバズクは樹洞（じゅどう）のあるような大木がある環境を好み、人里近くの神社にもやってくることがあります。夜行性で日中は木の上で寝ていることが多く、姿を見つけるのは難しいですが、初夏の頃に里山近くの神社を歩いてみると、食べ跡を発見できるかもしれません。

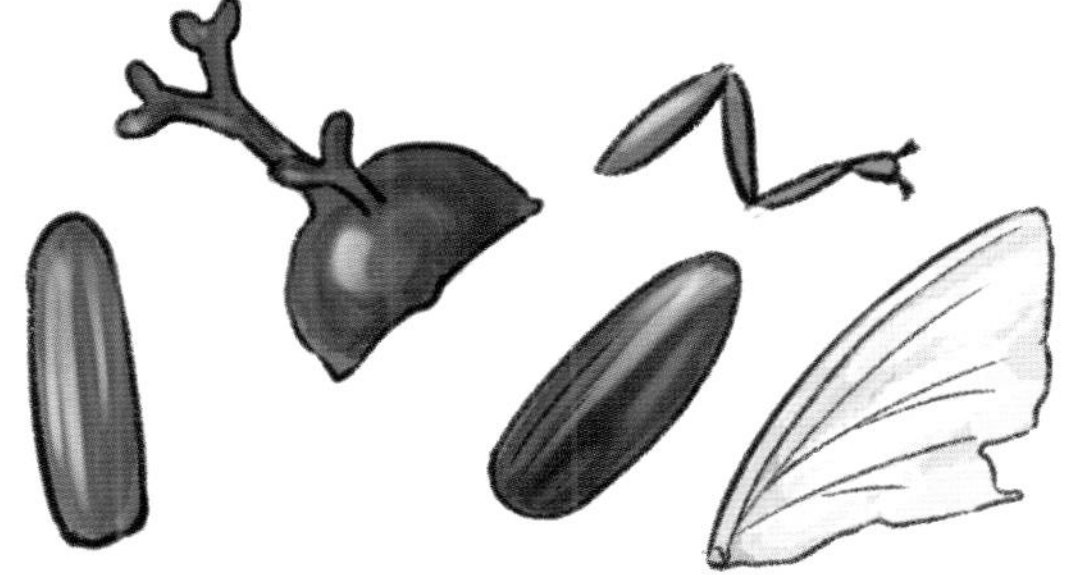

神社などの身近な場所でも、アオバズクにバラバラにされたカブトムシやガの翅が見られる

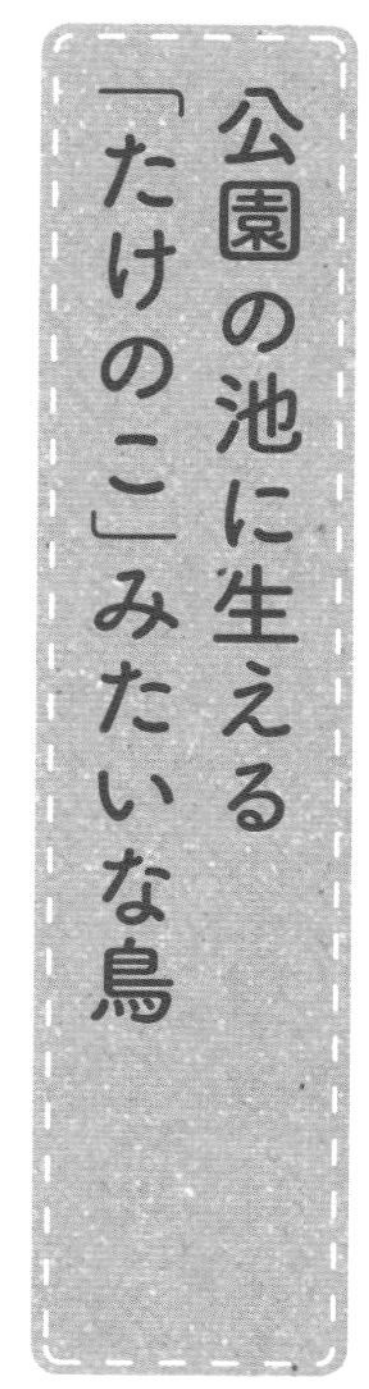

公園の池に生える「たけのこ」みたいな鳥

逆立ち採餌を行うオナガカモ（右端がメス、その左がオス）と、潜水が得意なキンクロハジロ、カイツブリ

公園の池で、シンクロナイズドスイミングのように、お尻を上にして、逆立ちしているカモを見たことがあるでしょうか。その水面に立ったお尻の様子は「たけのこ」によく例えられ、バードウォッチャーの間でも可愛いと人気です。このたけのこモードのカモたちはいったい何をしているのでしょう？

どうやらカモたちは、水中にある水草を食べているようです。カモ類には潜水が得意な種類とそうでない種類がいますが、後者は潜る代わりにこの「逆立ち採餌（さいじ）」をよくしています。カモ類のほか、ハクチョウ類、ガン

お尻を水面に出して逆立ちしている様子は、
たけのこのよう

類などの水鳥でもこの行動が見られます。

　岸辺に行けばエサがあるのに、わざわざこんな逆立ちまでして水域でエサをとるのは、やはり鳥たちにとって安全な場所だからなのでしょう。

　冬には、たくさんの水鳥が池にやってきます。カモの逆立ちも観察しやすい時期です。特にオナガガモは首が長くて水草をとりやすいからか、この逆立ち採餌をよく行います。冬の池に生えるいろんな「たけのこ」、観察してみると面白いかもしれません。

同じ場所をぐるぐる回るナゾの集団、その意図は

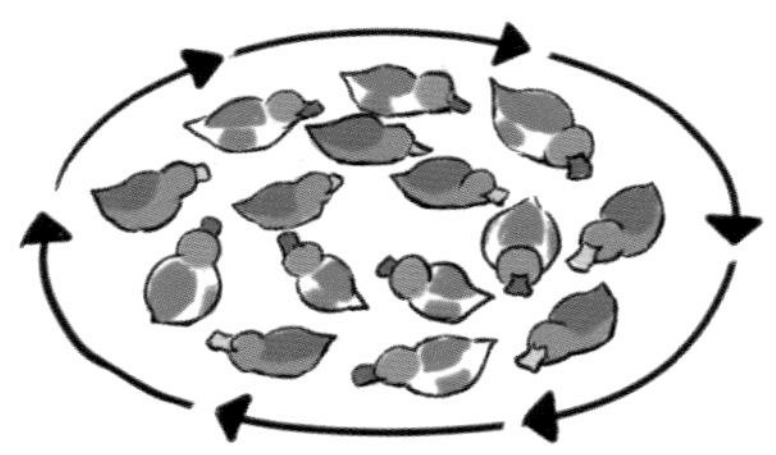

ハシビロガモの渦巻き採食。よく集団でぐるぐる回っている

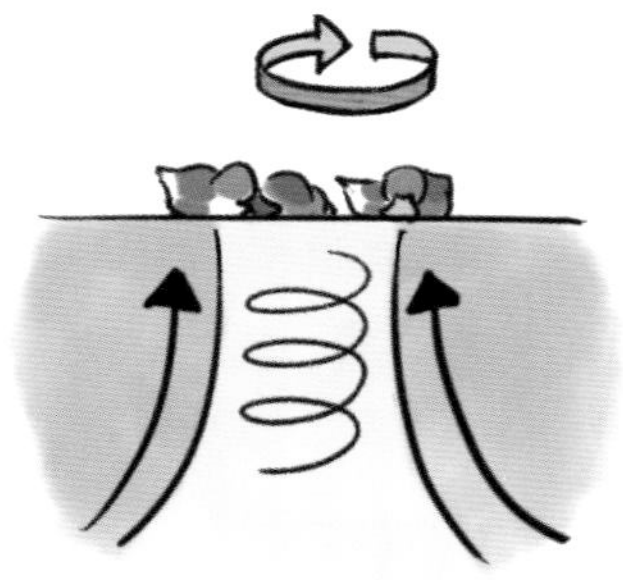

渦ができて、プランクトンが水面近くに上がってくる……と考えられている

冬になると、水面でクチバシをパクパク動かしながら、集団で同じ方向へぐるぐる回っているカモがよく見られます。クチバシが大きくて幅広いことから、ハシビロガモ（嘴広鴨）といいます。クチバシがシャベルの形をしているようにも見えるので、英名では「Shoveler」と呼ばれています。

ハシビロガモはこの大きなクチバシで水ごとすくい取り、板歯（ばんし）という「櫛（くし）」のような突起で、水だけを外に出し、プランクトンなどを濾過（ろか）してエサとしています。

では、群れでぐるぐる回って

いるのは何のためでしょうか？　2羽だけで行っていることもありますが、ときには50羽ぐらいにもなって、ぐるぐるぐるぐると回っていることもあります。時計回りのこともあれば、反時計回りのこともあり、明らかに集団として統率された行動です。

この行動は「渦巻き採食」と呼ばれ、実のところ、詳しいことはまだわかっていません。一説によると、それは水中に渦を起こして、エサになるプランクトンを巻き上げているのではないかともいわれています。

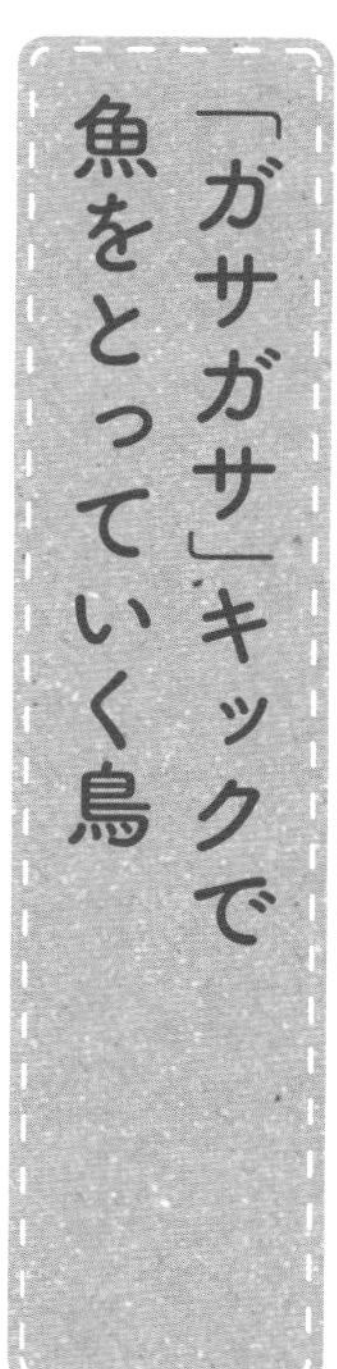
「ガサガサ」キックで魚をとっていく鳥

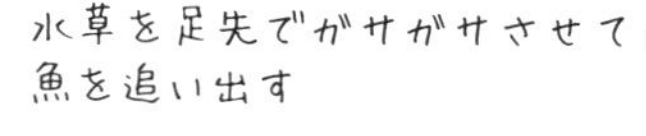
水草を足先でガサガサさせて、
魚を追い出す

ガサガサ

パクッ
逃げようとするエサを
素早く捕らえるコサギ

人のガサガサ
ガサガサ

波紋漁法。波紋を起こし、魚に虫が落ちたと勘違いさせる

「ガサガサ」という魚とりの方法を聞いたことがあるでしょうか。名前は知らなくても、子どもの頃に川遊びでやったことがある人は多いと思います。川の岸辺などで網を構えて、足で「ガサガサ」と水草や川底を蹴り、魚を追い出して網の中に追い込む魚とりのことです。魚類調査ではもう少しカッコいい言葉で、キックサンプリングと呼ばれています。

これと似たような魚とりをコサギは行います。足先で水の中を「ガサガサ」とまさぐって、逃げようとした魚やザリガニなどを捕らえる、という方法です。長い趾と長い首、鋭いクチバシを持ったサギ類だからこそできる技といえます。

他にもコサギは、クチバシで水面をつついて、波紋を起こし、エサ（虫）が水面に落ちたと勘違いして寄ってきた魚を捕らえる「波紋漁法」、釣り人に魚をねだる「おねだり漁法（？）」なども行います。少ない労力で、クレバーなエサとりを行うコサギには感心してしまいます。

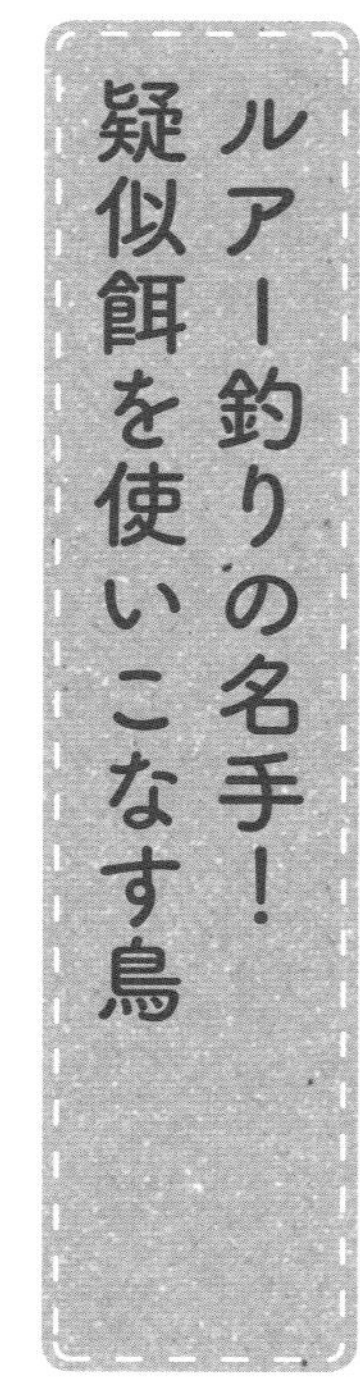

ルアー釣りの名手！疑似餌を使いこなす鳥

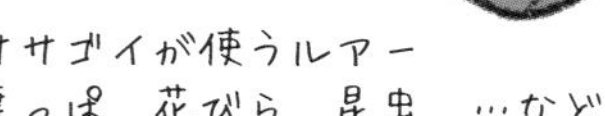

ササゴイが使うルアー
葉っぱ　花びら　昆虫　…など

人は魚釣りをするとき、針にエサをつけます。生き餌（いえ）を使うほか、ルアー（疑似餌（ぎじえ））を使うこともよくあります。ルアーであれば針にエサをつけかえる手間もなく、生き餌が苦手な人も楽しく釣りができます。

実は鳥類でも、このルアー釣りのようなエサとりをするものがいます。それはサギ類、特にササゴイやゴイサギで、この行動は有名です。

これらの鳥は、まず葉っぱや花びら、小枝などを水面に浮かべます。そしてときどき、それをつついて動かし、あたかも生きているかのように見せかけて

水中の魚が、自分のエサかと思って水面に寄ってくる

ササゴイとゴイサギの違い

ササゴイの目は黄色っぽい。1枚1枚の羽毛の縁が白く、ササのような模様になっている（名前の由来）

ゴイサギは目が赤っぽい

……寄ってきた魚をパクリ！ルアーではなく、本物の虫を使うこともあります。

　コサギの波紋漁法などもそうですが、サギ類は、獲物を追いかけ回してエサをとるようなことはしません。元々、あまり動かずに、近くに来た獲物を長い首とクチバシで素早く捕らえる「待ち」型の狩りをします。その狩りをより効率よく行うために、このようなルアー釣りの技を会得したようです。

人が使うルアー（フライ）

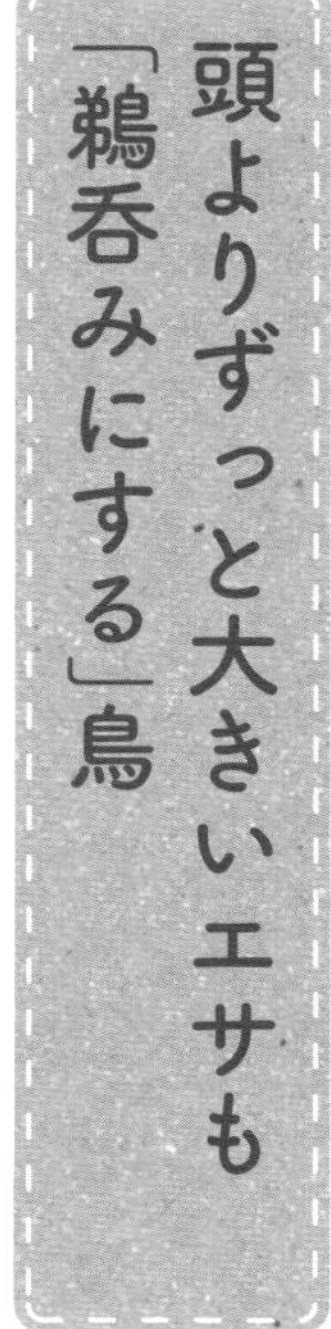

頭よりずっと大きいエサも「鵜呑みにする」鳥

クチバシの先がかぎ状になっており、
つかんだ魚を離さない

他人が言ったことを、十分に理解せずに受け入れてしまうことを「鵜呑(うの)みにする」といいます。鵜は、カワウやウミウなどの「ウ（鵜）」という鳥のことです。

カワウは川や池など、どこでも見られる水鳥ですが、彼らのエサとりを観察していると、言葉の由来に納得がいくと思います。カワウやウミウは、潜水して魚類をとって食べるのですが、どんな大きな獲物でも丸呑みしてしまうのです。

ときには自分の頭の倍はある大型のコイなども、上手く向きを整えて、頭を天に向けて食道を一直線にし、すっぽりと呑み込

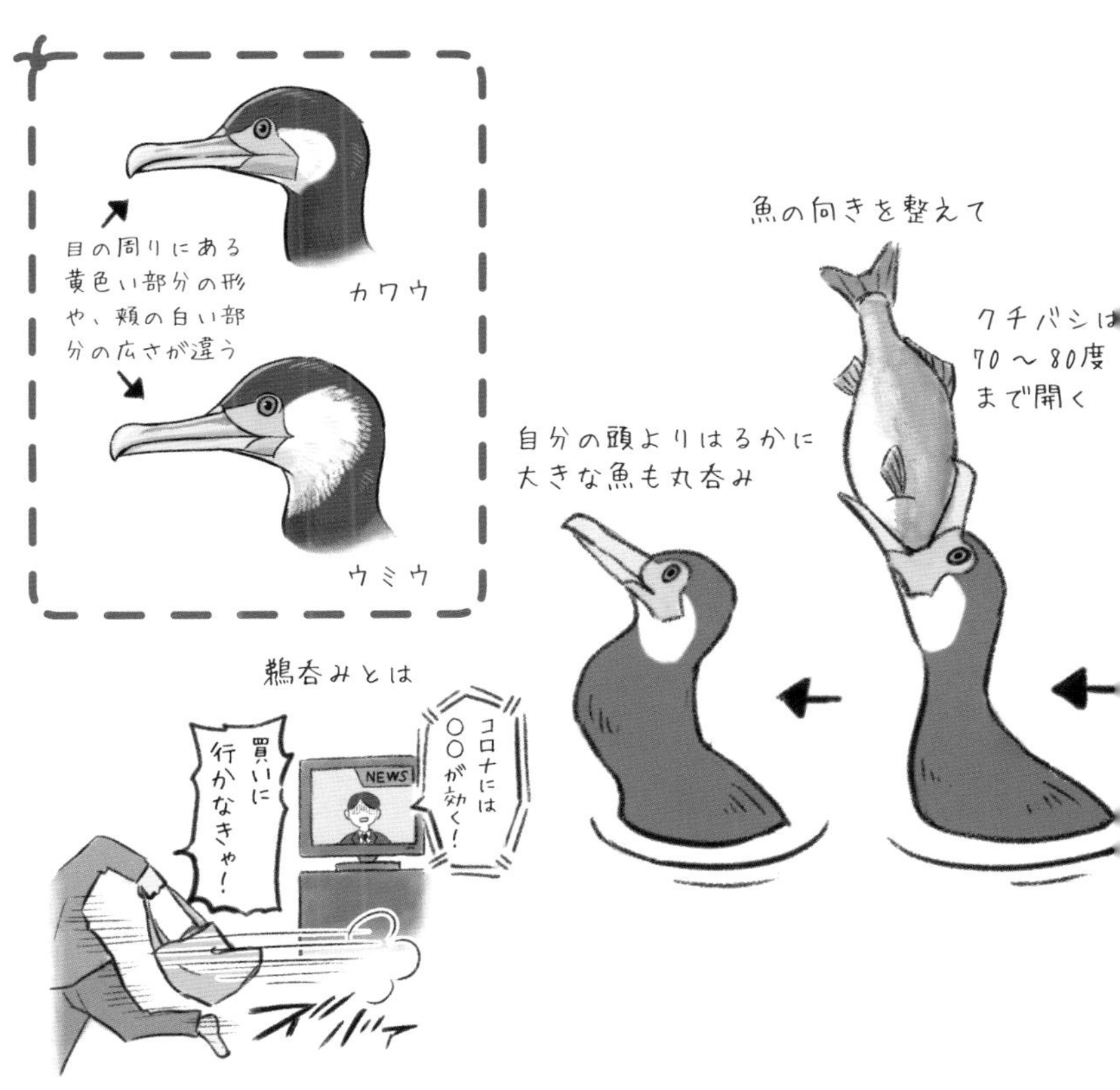

んでしまいます。そんなに大きなものを丸呑みして、お腹を壊してしまわないか心配になりますが、そもそも鳥には歯がないので、とりあえず呑み込んで体内で消化するしかないのです。これが「鵜呑み」の由来です。

特に現代においては、情報過多で日夜デマが飛び交っている有様なので、何ごとも鵜呑みにしないよう気をつけたいものです。この本に書いてあることも、数年後には古い情報になっている可能性もあります。言い訳のようですが、鵜呑みにせずに、他の知識・経験と併せて活用していただければ幸いです。

ミサゴ
Pandion haliaetus

魚雷のように エサを持って飛ぶ

足先の外側にある「第四趾（だいよんし）」の可動域が広い

猛禽類というと、他の鳥類や哺乳類をとっているイメージが強いかもしれませんが、魚専門のハンターもいます。ミサゴです。

ミサゴは湖や河川の上空を飛びながらエサを探し、獲物を見つけると狙いを定め、空中から勢いをつけて一気に水中につっこみます。上手く魚を捕まえられたら、飛び上がって食べやすいところや巣に持ち帰ります。

このミサゴが魚を運ぶときの持ち方は独特で、足を前後一直線にそろえ、魚の向きを進行方向に向けます。その姿はまるで、ミサイルか魚雷を持っているようにも見えるので、「魚雷持ち」

小鳥類は基本的に
口にくわえて運ぶ

魚雷持ちをするミサゴ

トビやワシが魚をとっても、
基本的に魚雷持ちはしない

魚雷を搭載した艦上攻撃機

ともいわれています。この持ち方は空気抵抗を減らすためと考えられます。

ミサゴの足の趾はうろこ状ですべりにくくなっているほか、趾の可動域が広く、魚雷持ちをしても魚を落としにくくなっています。魚専門のハンターならではの進化なのかもしれません。

湿度が低い（晴れの）ときは高く飛ぶ
湿度が高い（雨が近い）ときは低く飛ぶ

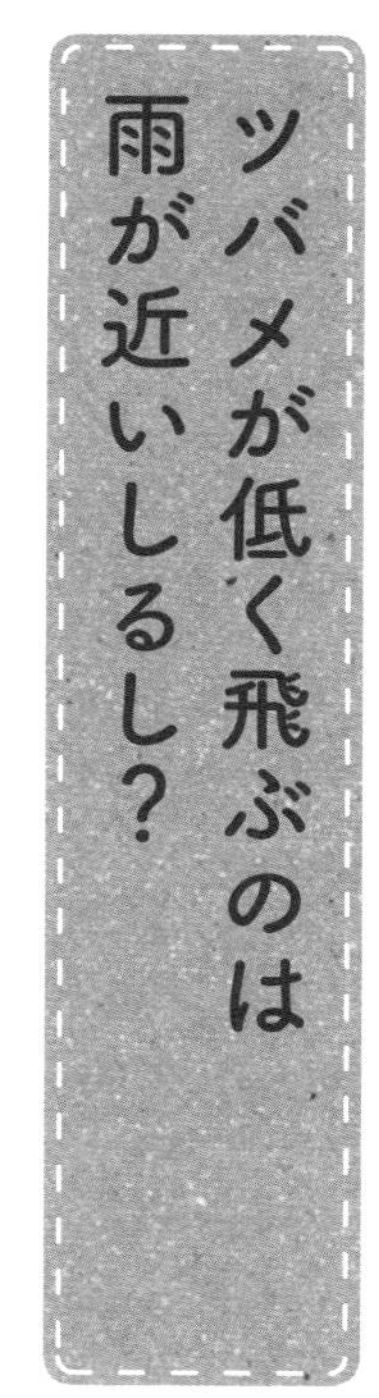

ツバメが低く飛ぶのは雨が近いしるし？

「ツバメが低く飛ぶと雨」ということわざがあります。

ツバメは、生活のほとんどを空中で過ごし、エサとなる昆虫も飛びながら捕らえて食べています。しかし昆虫たちは、低気圧が近づいて湿度が高くなると、なぜか地面の近くを飛びます。そのため、昆虫を追うツバメも低いところを飛んでいるので、その様子から雨が近いと予測できる、というわけです。

このように自然を観察して天気予報をすることを、「観天望気（かんてんぼうき）」といいます。今はテレビやスマホで、もっと正確な天気予報を知ることができますが、ま

スズメが水浴びすると晴れ
乾燥するのを感じ取って水浴びするのかもしれない

モズの高鳴き七十五日
秋に甲高い声で鳴き始める。それから75日後に霜が降りるとされ、昔の人は農作業の目安にしていた

だ天気予報がない時代から、人々は自然をよく理解し、自然を観察することで天気を予測してきました。

他にも生き物関係の観天望気には、「スズメが水浴びすると晴れ」「モズの高鳴き七十五日」「カエルが鳴くと雨」「クモの巣に朝露がつくと晴れ」「ハチが低く飛ぶと雷雨」「タンポポがしぼむと雨」など、いろいろあります。

知っておくと、生き物観察が楽しくなるだけでなく、ちょっとした天気予報としても役立つかもしれません。

鳥のクチバシ、
人の道具に例えたら？

メジロ

クチバシは細長く、舌はブラシ状、さらに管状のストローのようになっていて、蜜を吸いやすくなっている

オオタカ

猛禽類のクチバシは、肉を引き裂きやすいよう、ナイフのように鋭くなっている

第2章

勝因は押しの一手？それともプレゼント？

求愛行動

ハトの求愛はしつこい❶ のどをふくらませてアピール

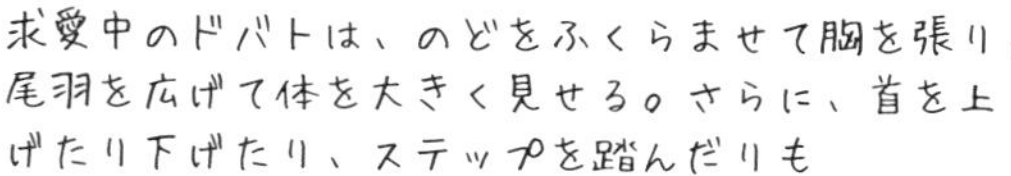

私たちがふだん最も目にしているハトは、「ドバト」というハトです。原種はカワラバトというハトですが、それが家禽(かきん)化され（レースバトや伝鳥バトなどになり）、それがまた野生化したという、ちょっと複雑な経緯があります。

ドバトは公園や道ばた、駅のホームなど、どこでも見られる鳥です。繁殖も一年中しているので、求愛行動も観察できます。

その求愛はとてもユニークです。オスはのどを大きくふくらませ、尾羽を広げ、体を大きく見せます。そしてその状態で、踊るようにクルッと回ったり、

求愛給餌（きゅうじ）することも

頭を上下に振ったりしながら、メスの周りをウロウロとまとわりついて必死にアピールします。メスはその気なしとエサを食べることに集中していても、オスは構わずアピールを続けます。「うっとうしい男だわ」という感じでメスがその場を立ち去ろうとすると、オスは素早く前に回り込んでアピールを続けます。しつこい！　とメスが別の方向に逃げようとしたら、さらにオスは追いかけてきて、再びアピール。何度も何度も……。これが人だったら、おまわりさんを呼ばれてしまうぐらいのしつこさです。

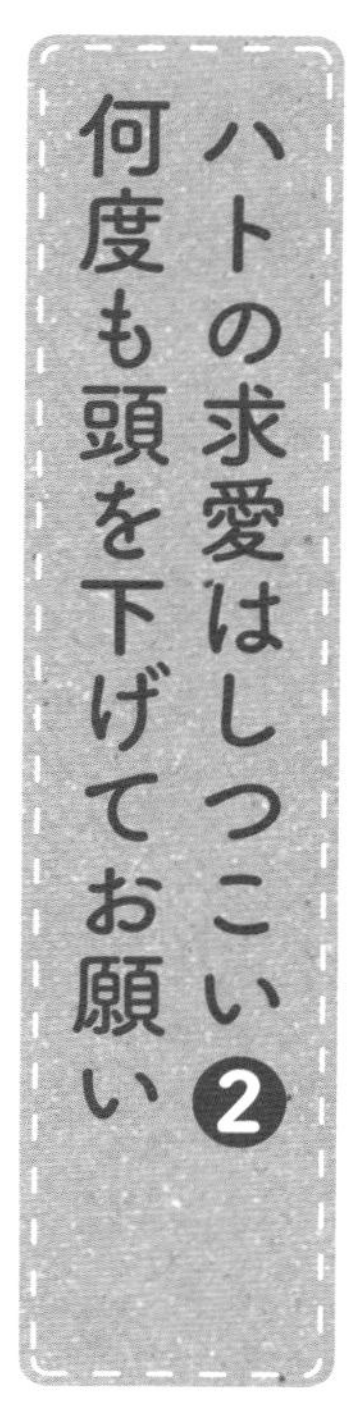

ハトの求愛はしつこい❷ 何度も頭を下げてお願い

キジバトのオスは何度も上下に首を振る

キジバトはドバトほど街なかで目にすることはありませんが、やはり身近で見られるハトの一種です。キジバトの求愛も、ドバト同様にとてもしつこいです。

オスはメスに近づくと、のどをふくらませた首を上下に振りながら、メスに迫ります。メスは嫌がって後退するも、オスはさらにメスに近づきながら求愛を続けます。オスが上下に首を振る様子は、頭を下げて頼み込んでいるかのようです。

しつこいナンパに耐えられなくなったメスがその場を飛び去ると、オスも追いかけて、とまった先で再び求愛を始めます。再

び逃げるメス……追いかけるオス……逃げるメス……。すごい執念です。

ドバトもキジバトも、しつこいオスの求愛を経て、オスとメスがお互いを許容できる段階になると、愛を育むかのように相互羽づくろい（次ページ）や求愛給餌を始めます。そしてメスが姿勢を低くして、オスに交尾を促し、オスが応えてメスに乗っかると、交尾は完了します。

人の世界では、最近は恋愛に消極的な「草食系男子」が増えているようですが、その点、ハトの積極性は、見習うべきところ（？）があるかもしれません。

イチャイチャと羽づくろいする仲のよさ

メジロの相互羽づくろい

鳥の羽づくろいは、ふつう自分自身で行うものですが、信頼関係のあるつがい同士では、お互いに羽づくろい（相互羽づくろい）する様子が見られます。

メジロのつがいはとても仲よしで、よく相互羽づくろいする光景が見られます。ピッタリくっついて、交互に気持ちよさそうに羽づくろいしてもらう様子は微笑ましいものです。

この相互羽づくろいは鳥類全般に見られますが、身近な鳥類ではメジロのほか、キジバト、ハシブトガラスなどで観察しやすい行動です。

なお相互羽づくろいは、つが

カラスの相互羽づくろい

キジバトの相互羽づくろい

いの絆を深めることのみならず、寄生虫を防ぐ目的もあります。頭や首など、自分では羽づくろいが難しい場所を、パートナーに羽づくろいしてもらうことで、寄生虫をとってもらっているようです。実際に相互羽づくろいは、頭や首などに集中して行われます。つまりただイチャイチャしているわけではないようです。

相手が健康でいられるよう気遣うことこそ、つがいの絆を真に深めるのかもしれません。しかしメジロのつがいは、人から見てもちょっと恥ずかしくなるぐらいアツアツです。

将来を見据えたメスはオスをプレゼントで品定め

オス（男性）がメス（女性）にプレゼントを贈るということは人に限らず、動物でもよく見られる行動です。繁殖期のカワセミのオスは、メスに気に入ってもらうためにエサをとってきて、メスへプレゼントします。このような行動を、動物学的には「求愛給餌」といいます。

プレゼントの質は、メスにとっては重要です。まともにエサをとれない頼りないオスでは、子育てに失敗してしまう可能性もあります。メスはオスに子育ての能力があるかなどの品定めをし、気に入ったらプレゼントを受け取り、つがいが成立します。オスはメスに気に入ってもらうために苦労してエサをとってきますが、メスも自身と子どもの運命がかかっていますから、冷たくあしらってしまうこともあります。

なおカワセミといえば、キレイな川にしかすめないと誤解されがちですが、近年は都市部のドブ川でもよく見られるようになっています。カワセミは都市化に適応した鳥の一種なのです。ドブ川では外来魚やアメリカザリガニなどをとり、排水穴の奥で繁殖している例もあります。通称「水辺の宝石」のカワセミは高嶺（たかね）の花ではなく、今や意外と身近な鳥なのです。

カワセミの求愛給餌。オスが魚などを持ってくる。そのプレゼントの質でメスが品定め

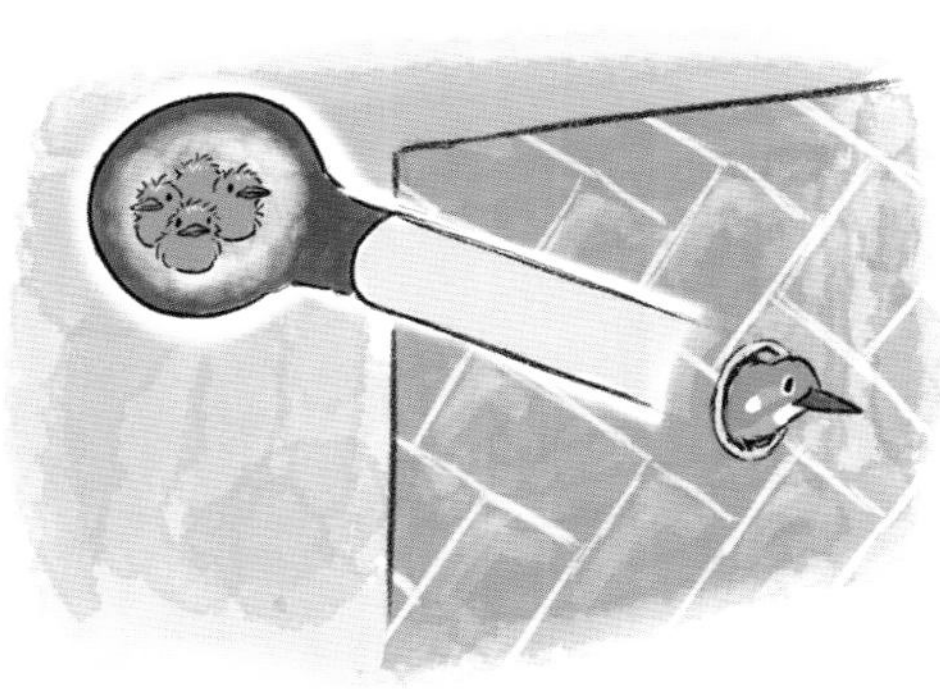

キレイな渓谷や湖などだけでなく、コンクリートなどで固められた、川の護岸にある排水穴などでも繁殖

街なかのカワセミのエサ（例）

「ホケキョ」は2種類、ラブソングならキーが高め

のどを大きくふくらませて鳴く

春によく聞こえる「ホー……ホケキョ！」という鳴き声。声の主を見たことがある人は少ないのですが、その鳴き声だけは誰もが聞いたことがあると思います。おそらく日本で最もさえずりを聞く小鳥、ウグイスです。

実はこの「ホケキョ」という歌は、1種類ではありません。鳥のさえずりには、求愛のほか、なわばり宣言、ときには敵の接近を知らせるなどの役割もあります。大きく分けると、ウグイスのホケキョには2種類のパターンが確認されています。

一つはH型（High：高いという意味）で、主にメスへの求

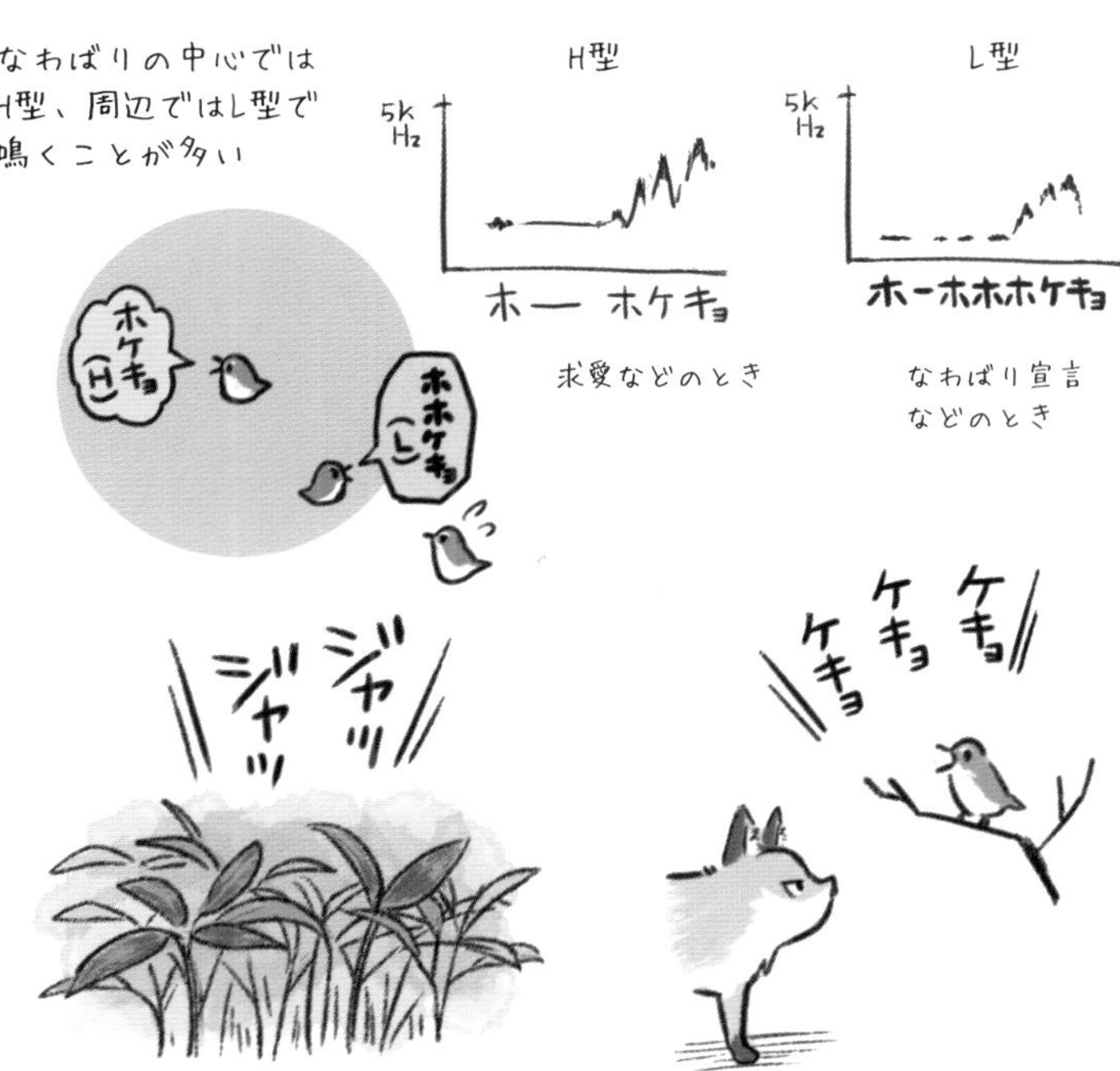

笹鳴き。主に冬、茂みの中などでオスもメスも小さな声で鳴く

谷渡り。繁殖期にオスが鳴きながら移動すること。警戒の声とされる

愛で歌われています。もう一つはL型（Low：低いという意味で）で、なわばり宣言として歌われています。H型は美しく高い声、L型は、「ホー……ホホホホケキョ」と、ホケキョの前が少し断続して、かつドスの利いた低い声に聞こえます。

鳥類の音声コミュニケーションにはわかっていないことが多く、もっといろんな歌い分けがあるかもしれません。また、ウグイスには方言ともいわれる地域性も確認されています。1日に2千回以上も鳴くとされるホケキョですが、よく聞いてみると、いろんなホケキョがあります。

鳴き声だけではない、メスへのアピール方法

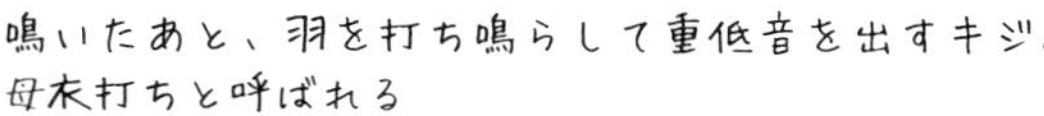
鳴いたあと、羽を打ち鳴らして重低音を出すキジ。母衣打ちと呼ばれる

多くの小鳥たちはオスがさえずりでメスにアピールしますが、鳥類には他の「音」でアピールする方法を持つ種もいます。

例えばキジです。キジは「ケーンケーン」という鳴き声のあと、「ドドドドッ！」という重低音を出します。このナゾの音は、実は羽を打ち鳴らして出している音です。「母衣打ち（ほろうち）」とも呼ばれ、なわばり宣言やメスへアピールが目的だと考えられています。「母衣」とは、武士の鎧（よろい）や兜（かぶと）の後ろにつける、大きな布です。母衣がバタバタと風に舞っている様子や音から連想されて、「母衣打ち」という呼び

名がついたと考えられます。

春に河川敷を歩いていると、ケーンケーンという声とドドドッという母衣打ちの音を聞くことがよくあります。橋や土手の上から、音の主を探してみるのも面白いでしょう。なお、この母衣打ちは、同じキジ科のヤマドリなどでも見られます。

キツツキはドラミングといって、木を高速で叩いて音を出し、存在をアピールします。コウノトリの仲間はクラッタリングといって、クチバシをカタカタと鳴らします。鳥類は様々な音によるコミュニケーション手段を持っています。

見た目はやっぱり大事？ のどの赤さが決め手

ツバメのオスは、のどが赤い方がモテる

人の世界では「見た目より中身が大事」とよくいわれます。人ならば、時間をかけて中身をわかり合うこともできますが、毎日が生きるか死ぬかの野生生物にとっては、あまり悠長にお付き合いしている余裕はありません。やっぱり見た目から得られる情報も重要です。

モテるオスのポイントというのは生物種ごとに異なりますが、日本に夏鳥として飛来するツバメの場合は、のどの赤い部分が一つの基準であることが研究によりわかっています。赤い部分の面積が大きかったり、色がハッキリしているオスがモテる

スズメのオスは、頬の黒ポッチが目立つとモテる

シジュウカラのオスは、ネクタイ模様が太いとモテる

傾向にあるということです。

同じツバメの仲間でも、ヨーロッパのツバメは尾羽の長さ、アメリカのツバメはお腹の赤さなどが重要とされ、近い種でもモテポイントは少しずつ異なっているようです。

他の鳥類では、スズメは頬の黒い部分が大きくハッキリしているとモテる、シジュウカラはお腹のネクタイ模様が太いほどモテる、といったことがわかっています。

人からすれば、なぜそこなんだ？　というポイントばかりですが、動物のメスには魅力的に見えるのかもしれません。

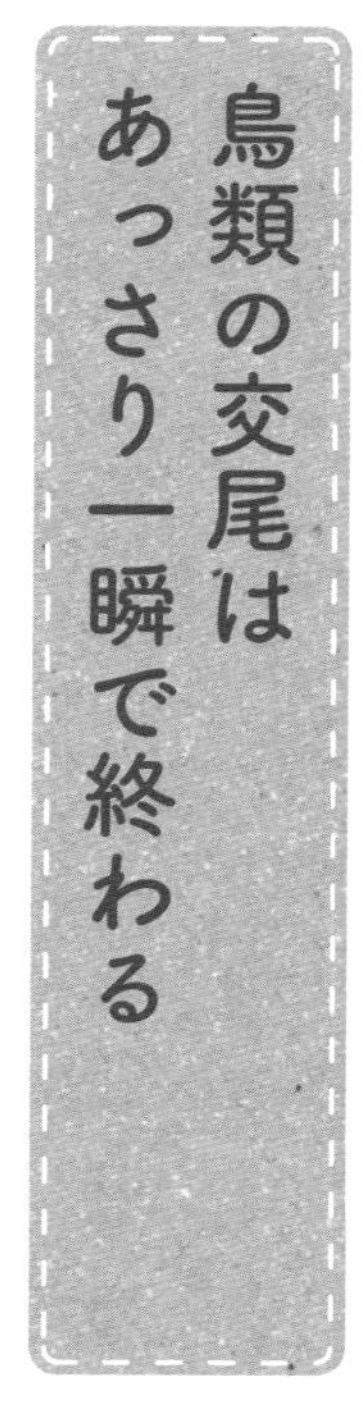

鳥類の交尾はあっさり一瞬で終わる

鳥類の交尾を見たことがあるでしょうか？　とてもあっさり終わってしまうので、見たことがあっても交尾とわからない人も多いかもしれません。オスが羽をパタパタさせてバランスをとりながら、メスに乗っかり、数秒で終わってしまいます。交尾の時間というのは、多くの動物にとって無防備な時間でもあるので、短時間で終わる鳥類の交尾は、ある意味合理的かもしれません。

鳥類の交尾が短時間で終わる理由の一つに、そのシンプルさがあります。鳥類にはカモ類などの例外をのぞいて基本的にペ

ハトは、環境に恵まれると、年に7〜8回も繁殖を試みることもあるという

鳥類の97%は、総排泄口を合わせて精子を送り出す

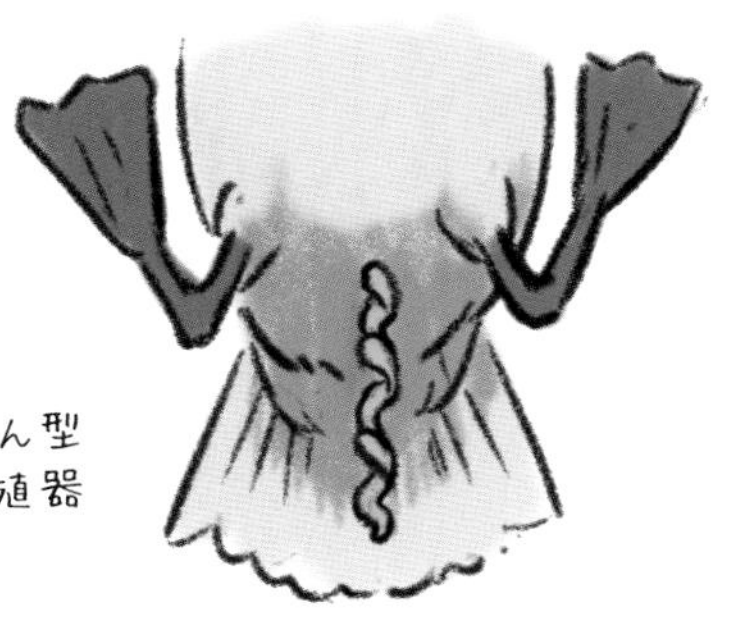

カモの仲間には、らせん型のペニスのような生殖器（ファルス）がある

ニスがなく、総排泄口（そうはいせつこう）という、肛門と生殖口を兼ねた穴を連結させて交尾を行います。オスはメスの背中に乗っているだけのように見えますが、鳥のお尻は意外と曲がるので、この体勢で総排泄口をくっつけることができます。オスにはペニスがないので、総排泄口を合わせ、オスからメスに精子を送る、これだけで交尾は終わります。

スズメなどでは、春〜秋、メスが姿勢を低くしてオスに乗るように促している様子が見られることがあります。そんなときは、交尾の観察のチャンスです。

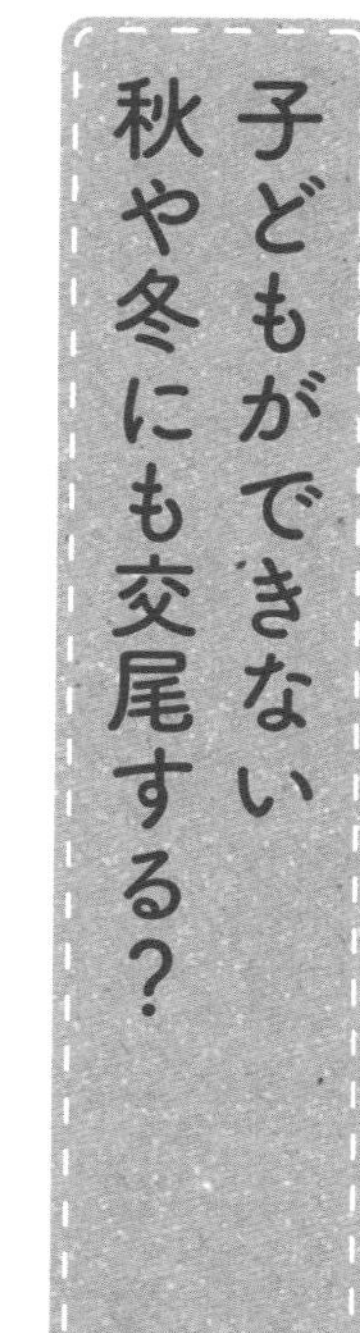

子どもができない秋や冬にも交尾する?

鳥類の交尾は繁殖行動なので、ふつうは当然、繁殖期に見られるものです。しかし非繁殖期の秋〜冬にカモ類が交尾していることがよくあります。カルガモの場合では、交尾するのはふつう、早春〜春頃のはずです。

向かい合うオスとメスが首を上下させながら近づき、オスはメスの背中に乗ります。まさに交尾の姿勢です。なぜ子育てができないような時期に、交尾をしているのでしょうか?

実はこれは「疑似交尾」と呼ばれ、交尾の練習や求愛行動の一種とも考えられています。交尾は水域で行われ、オスはメスの上に乗り、メスは、頭が少し出ているくらいでほとんど水没してしまいます。なんだかちょっとかわいそうな気もしますが、メスはそれほど嫌がる様子もなく、オスを受け入れています。

日本で繁殖していないマガモなどの鳥でも、この疑似交尾ならば、ふつうに観察できます。公園でカモ類が向かい合って、首を上下させるなど、求愛をしていたら注目してみてください。疑似交尾が観察できるかもしれません。

囲み追い。複数のオスが1羽のメスを囲み、それぞれ鳴いたりポーズを取ったりしてアピール

カルガモによる交尾前の求愛行動
メスもそれに応えて首を上下に動かす
オスが首を上下に動かす

マガモの疑似交尾。メスに乗るだけでなく、頭が沈むほど押さえてしまうオス

水はね鳴き。囲み追いで見られるオスの行動の一つ。クチバシで水をはね上げて鳴き、体をそらせるようにする

鳥のクチバシ、
人の道具に例えたら？

ヘラシギ

英名で「Spoon-billed sandpiper」というように、スプーンのような形のクチバシで、泥や砂の中にいるエサをすくい取る

第3章

個性豊かなそれぞれの「我が家」

巣づくり・子育て

郵便受けに植木鉢にと自由すぎる巣づくり

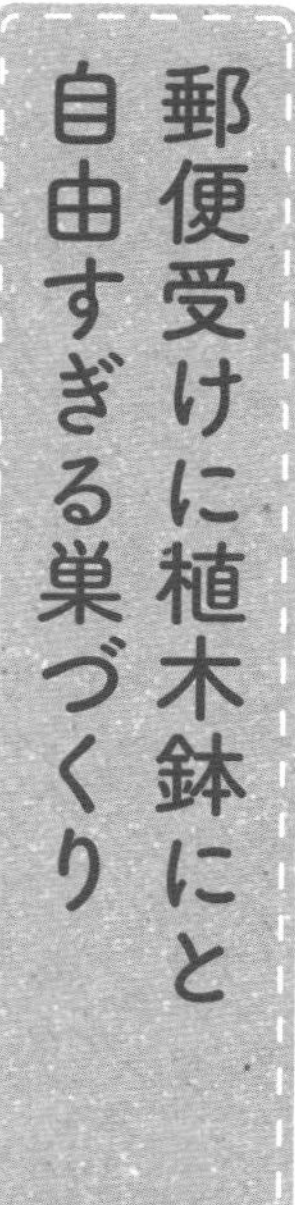

郵便受け

コンクリートブロック

散水栓の中

置物の中

三角コーン

灰皿スタンド

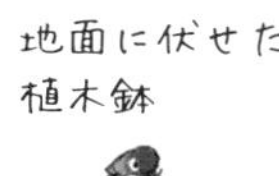

地面に伏せた植木鉢

支線カバー

シジュウカラは森林から市街地までどこでも見られる可愛い小鳥です。四十の雀と書いてシジュウカラ（四十雀）。名前の由来には、スズメ40羽分の価値があるから、などの説がありますが、「四十」はさすがに盛りすぎな気もします。

シジュウカラもムクドリのように樹洞に巣をつくる種類ですが、市街地ではやはり人工物のすき間をしたたかに利用します。利用する人工物はかなり多様で、支線カバー、散水栓の中、植木鉢、郵便受け、最近の流行（はや）りでは灰皿スタンドなんてものもあります。これは最近の喫煙環境の改善の一種で、屋内の喫煙場所が排除され、屋外に灰皿スタンドが置かれることが増えたことも影響しているようです。

シジュウカラが属するカラ類の傾向として、人への警戒心は薄い方ではあります。それにしても、郵便受けや灰皿スタンドを利用するしたたかさには驚きです。

3月ぐらいになると、オスは様々な物件を見て回りながら、よさそうなところがあればメスに紹介します。この頃に郵便受けを使っていなかったり、ひっくり返した植木鉢などがあったりすると、シジュウカラに使われてしまうかもしれません。しかし多くの人たちは、シジュウカラに乗っ取られても、すぐに撤去したりせず、不便なのを我慢して巣立ちまでは見守ってくれているようです。

排水穴

電柱や屋根周りの優良物件は見逃さない

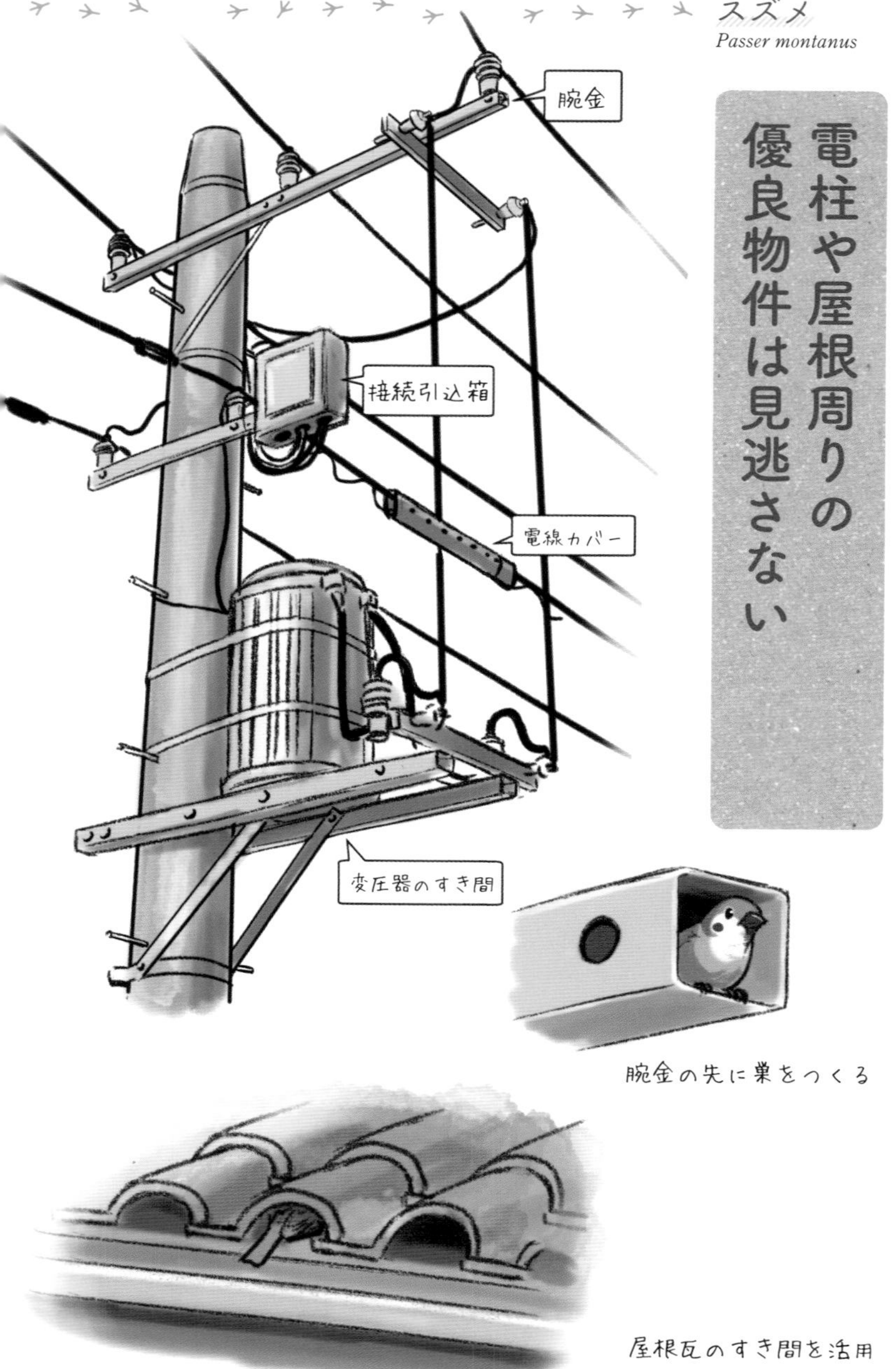

腕金の先に巣をつくる

屋根瓦のすき間を活用

スズメは不思議な鳥です。何が不思議かというと、街なかでは見られるのに、山に行くと全く見られないのです。ふつう野生動物といえば、人から離れた場所の方が多いイメージですが、スズメは全くの逆です。人の近くでなければ生息していないのです。

さて、そんなスズメはやはり巣も人工物を使っています。屋根瓦(やねがわら)、雨どい、電柱などのすき間をよく利用しています。巣やヒナ自体は、ふつう隠れていて見えないのですが、巣材の一部がはみ出していたり、人工物の中から「シャリシャリ」というヒナの声が聞こえたりすることで、巣があることがわかります。

しかし最近は屋根瓦も少なくなってしまい、すき間の多い木造建築も減り、電線も地中化を推し進めているので、スズメには、すみにくくなってきているかもしれません。営巣場所だけが原因ではありませんが、スズメの数は実際のところ、この数十年で半減しているという推定もあります。

なお街スズメたちも一年中、街なかにいるというわけではなく、秋になるとある程度の数が農地のある里山などへ行くようです。昔の中国でも、秋にスズメがいなくなるので冗談交じりに、海に潜って「蛤(はまぐり)」になっているのだろう、とまでいわれていたそうです。

ツバメの巣やスズメバチの巣を利用することもある

監視カメラの上にも!? 思わぬところに巣を持つ鳥

ツバメは、建築物の軒下など、人がよく通るところに巣をつくります。人をガードマンのように利用し、ヘビやカラスなどの天敵を避けているようです。逆に、人工物以外の場所では巣はほとんど見つかっていません。人の文明が生まれる前は、どこに巣をつくっていたのか不思議です。

ツバメの巣づくりは、くわえてきた土をつばで固めて、それに枯れ草を絡めて補強しながら、壁にくっつけてつくっていきます。屋外から見えにくい場所、また、排気口の上や監視カメラの上など、何か出っぱりがあるところによく巣をつくります。

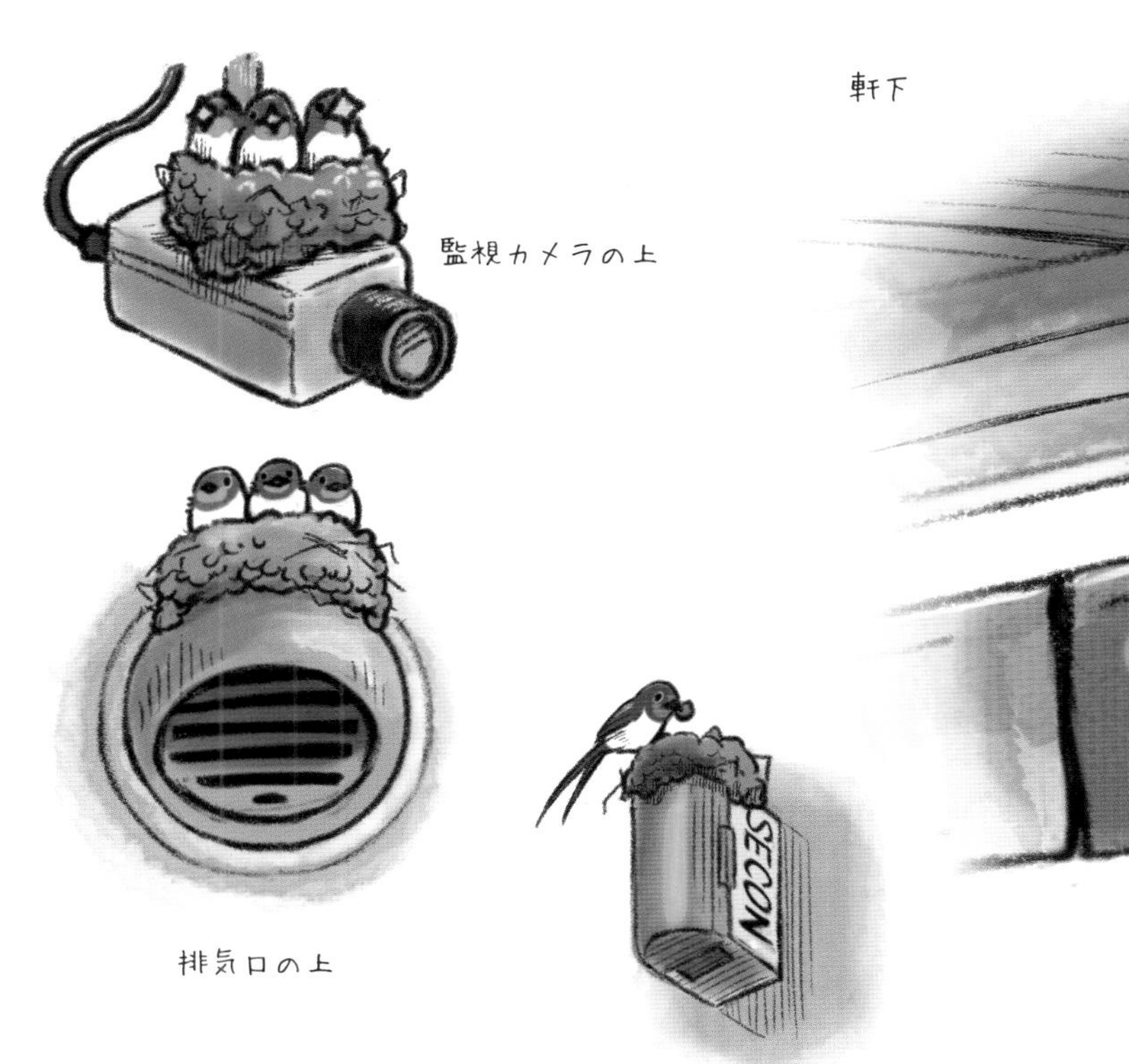

ツバメはスズメと違い、人から見えるところに巣をつくるので、子育ての様子が最も観察しやすい鳥です。人馴れしているので、あまり警戒されません。子育て時期の親は、1日に何百回とエサを運ばなければならないので、とても大変そうです。

春になると日本にやってくるツバメですが、最近は減ったといわれています。その原因には、建築物の変化や里山環境の変化などがあると考えられています。ツバメは害虫をとってくれる益鳥という側面もあるので、フンが汚いなどといわずに大切にしていきたいものです。

空き家の戸袋をしれっと間借りする

自然の中では樹洞で営巣している

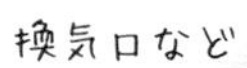

フンがついていたり、巣材がはみ出して
いたりしていたら、利用している証拠

スズメよりは大きく、ハトよりは小さい、どこにでもいる中型の鳥類、ムクドリ。ムクノキの実が好きだからとか、ムクノキで営巣するから、などの由来でムクドリと呼ばれています。自然の中では樹洞に巣をつくるムクドリですが、人工物の穴やすき間もよく使います。特に近年、住宅地でムクドリがよく使っているのは「戸袋」です。空き家などで、雨戸が閉めっぱなしになっている戸袋は、ムクドリにとって絶好の物件です。もしも巣材やイモ虫などをくわえて、戸袋を出入りするムクドリがいたら、営巣している証拠です。

ムクドリは他にも換気口のすき間や屋根裏などにもよく巣をつくります。ムクドリにとっては、天敵に襲われにくい空洞さえあれば、樹洞でも人工物でもどこでもよいのでしょう。通行人から見れば微笑ましい光景かもしれませんが、大家さんや管理会社からすれば、かなり困った存在だと思われます。

ムクドリは、昔から農地の害虫を食べてくれる益鳥として知られていましたが、最近は駅前などに大群でやってくることが問題視されることもあり、悪い面が目立ってしまっているようです。

河川敷に近い橋は子育てにチョウどいい?

橋桁のすき間に巣をつくり、河川敷でエサをとるチョウゲンボウ

猛禽類というと、自然度の高い山奥に営巣しているイメージが強いかもしれませんが、身近な場所でも見られる種類はいくつかいます。例えば川にかかる鉄橋の橋桁(はしげた)には、ハヤブサの仲間「チョウゲンボウ」がよく営巣しています。ハトほどの大きさの小さな猛禽類です。

チョウゲンボウは本来、崖地に営巣する鳥類ですが、橋桁も崖地と似たようなものに見えるのかもしれません。河川敷にはエサとなるトカゲやネズミなどの小動物も多いので、子育てをするのにもちょうどよいのでしょう。よく上空でホバリング

ビルに営巣するハヤブサ

（停空飛翔）を交えながらエサを探し、急降下してエサを捕らえる姿が見られます。

チョウゲンボウは秋や冬の非繁殖期には、営巣地から離れた場所でもよく見られます。都市部の少し郊外で、秋〜冬に農地や草地の周りなどの開けた場所を歩くと、エサを探して上空を飛ぶ様子がたまに見つかります。

また、近年は同じハヤブサ科のハヤブサも都市部の高層ビルで繁殖することがしばしばあります。ハヤブサも崖地に営巣する猛禽類ですが、ビルもハヤブサにとっては似たような環境なのかもしれません。

ハシブトガラス

Corvus macrorhynchos

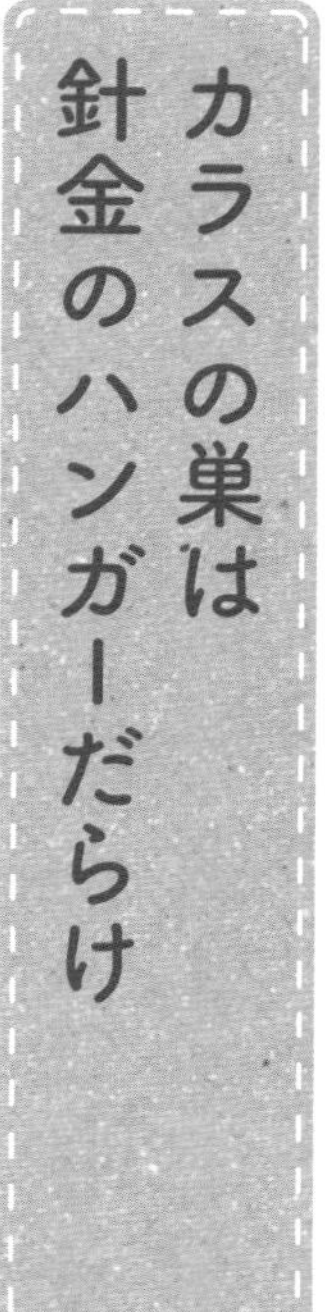

カラスの巣は針金のハンガーだらけ

針金ハンガーと木の枝を組み合わせて巣をつくる

洗濯物を落として、ハンガーだけを持っていってしまうこともある

プラスチック製のものは持っていかれにくい

電柱の上にあると事故の原因になる。電力会社に連絡しよう

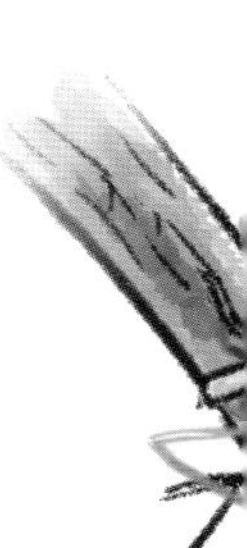

鳥の巣は人に見つからないような場所に多いのですが、カラスの巣は大きく、人の身近にもあるので、比較的簡単に見つかります。

そのカラスの巣は、巣材が特徴的です。小枝に交じって、何かカラフルなワイヤーのようなものが……。よく見ると針金ハンガーだとわかります。街なかには自然の木の枝が少ないから、カラスは仕方なくハンガーを使っているのでしょうか？　そうとも限らないようで、樹木が豊富にある環境でも、カラスは積極的にハンガーを使っているようです。ハンガーは丈夫で軽く、カラスにとってはうってつけの巣材なのかもしれません。

ただ、全てハンガーということはなく、ある程度、木の枝と組み合わせて巣を組み立てているのがわかります。

カラスの巣づくりの時期である3～4月頃は、特にハンガーが持っていかれやすいので、近くにカラスがいれば注意した方がよいでしょう。洗濯物がかかっていても、器用に外して持っていってしまうこともあります。プラスチック製のハンガーは、比較的持っていかれにくいといわれています。

しかしハンガーを盗まれただけなら、まだ可愛げがあるかもしれません。危険なのが、電柱などにハンガーを含む巣をつくってしまったときです。ハンガーの針金部分が電柱の機器に接触して漏電（ろうでん）し、火災や大規模な停電が起きてしまうこともあるのです。このような巣を見つけたら、カラスには気の毒ですが、電力会社に連絡して撤去してもらった方がよいでしょう。

ゴミだらけのヒヨドリの巣

column

カラス以外にも、都会派の巣づくり

繁殖期の鳥が警戒するほど、巣をじっと観察するのは基本的に避けた方がよいでしょう。けれど、子育ての終わった秋〜冬に観察すると、いろいろと面白い発見があります。鳥の巣は人や天敵からは見えないところにつくられますが、葉っぱが落ちている時期であれば比較的見つけやすくなっています。

非繁殖期であれば鳥はいないので、中をのぞいても問題ありません。種類にもよりますが、小鳥類の巣は、1回限りの使い

ビニールテープ製のメジロの巣。木から葉が落ちた季節に見つけやすい

ゴミだらけのカイツブリの巣

捨てのものが多いです。

カラスの巣以外でも、街なかの鳥の巣には人工物がよく使われています。例えばメジロは、低〜中木の枝が二股になったところに、クモの巣の糸などを使ってハンモック状に巣をかけますが、人の身近だとビニールテープなどを使っていることがよくあります。

街なかの鳥の巣を見ると、ゴミだらけでかわいそう……と思うかもしれませんが、野鳥たちにとっては自然物だろうが人工物だろうが、丈夫で壊れにくければよいのかもしれません。

エナガ
Aegithalos caudatus

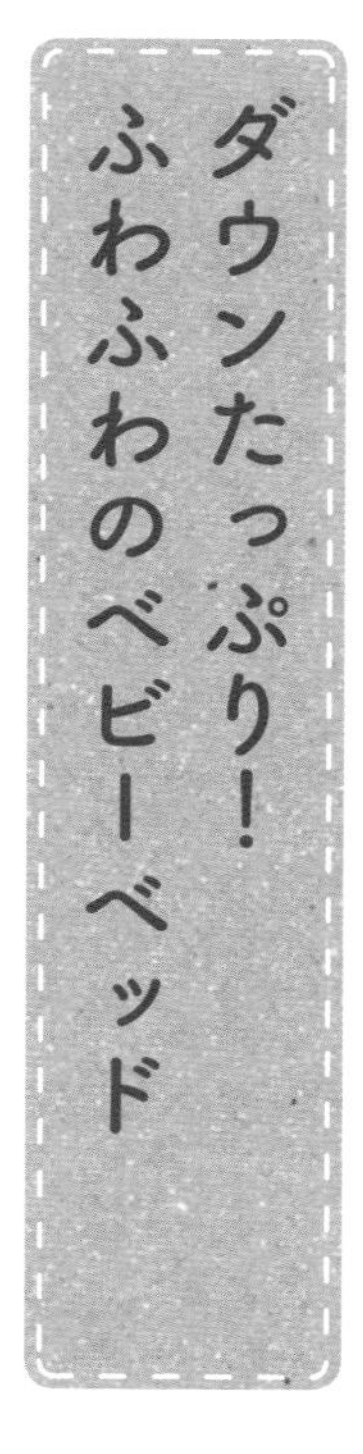

　都市部にすむ鳥は、今も昔も全く同じではありません。例えば、オオタカのエサにちょうどよいドバトが多く生息していることなどが原因で、都市部にオオタカが増えてきたようです。そしてオオタカの狩りのあとには、犠牲になった鳥の羽毛がたっぷり落ちています（34ページ）。繁殖期のオオタカは獲物を狩ると、調理するかのように羽毛をむしり、食べやすくしてから巣に持って帰るからです。

　そしてこの羽毛を、エナガが利用するため、都市部にはエナガも増えてきたといわれています。エナガは天敵を避けようと、

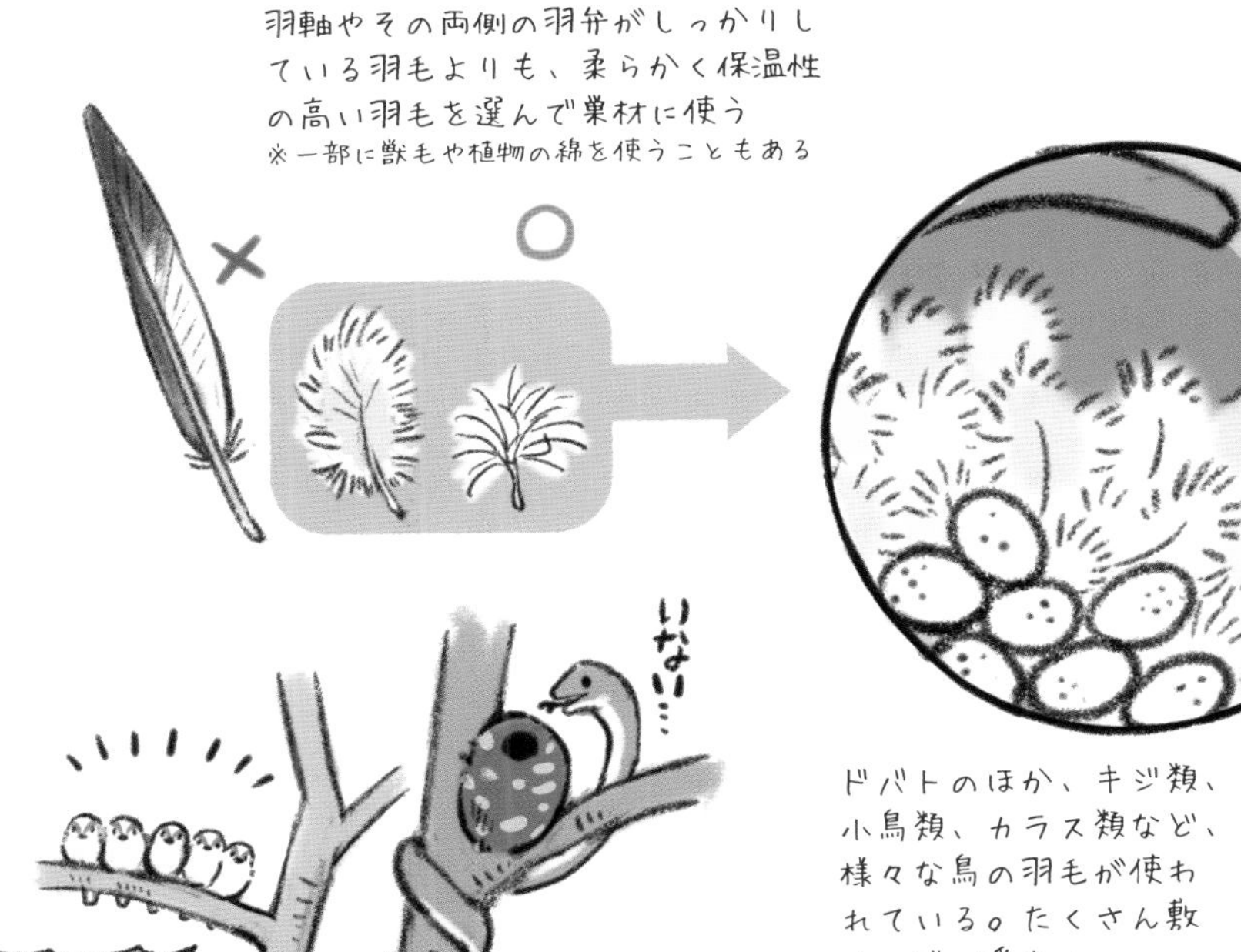

羽軸やその両側の羽弁がしっかりしている羽毛よりも、柔らかく保温性の高い羽毛を選んで巣材に使う
※一部に獣毛や植物の綿を使うこともある
×
○
ドバトのほか、キジ類、小鳥類、カラス類など、様々な鳥の羽毛が使われている。たくさん敷くので、暖かい
いないー…
巣立ち済み
暖かいベビーベッドのおかげで、寒い時期から子育てできる。ヘビなどの捕食者が活動する頃には巣立っている

まだ冬の寒い時期から繁殖を開始するため、巣の中に保温用の羽毛をたっぷりと敷きます。大量の羽毛が必要なので、タカが調理をした跡は、エナガにはうってつけの羽毛収集場です。

このときエナガは、柔らかくて保温性の高い羽毛を選んで拾っていきます。人のジャケットでも、羽軸のしっかりしたフェザーより、ダウンが多く入っている方が保温性は高くなりますが、そのような違いをちゃんと認識しているようです。

オオタカとハトとエナガ……。意外なところで生き物はつながり合っているといえます。

それで本当に完成？ワイルドすぎる巣

キジバトの北海道などでは冬になると南下するが、他では年中、木のあるところなら都市部でも見られる

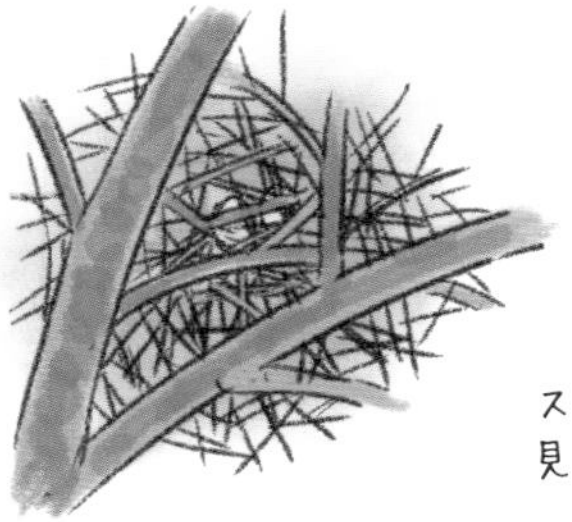

スカスカで下から卵が見えることすらある

多くの鳥類は、子どもを産み、育てる場所である巣を大事につくります。子どもが寒さで凍えないよう、巣から落ちないよう、時間と労力をかけます。

そんな中、とっても「雑」に巣づくりをする身近な鳥がいます。それは「ハト」です。キジバトの巣は木の枝に、小枝を適当にのせただけのような雑な巣をつくります。下からのぞくと卵が見えてしまうこともありますし、「ヒナが落ちている」とよく傷病鳥（しょうびょうちょう）センターなどに運ばれています。巣全体の形はヒヨドリやメジロのようなお椀形ではなく、お皿に近い形です。ま

多くの鳥類の巣。中心付近には羽毛や柔らかい葉が敷かれている(産座)

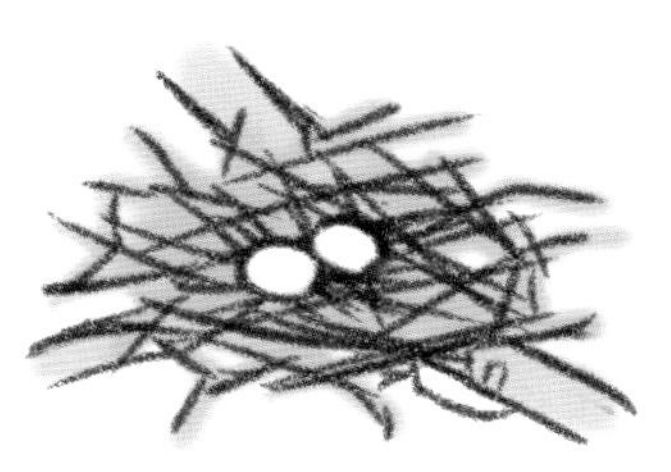

キジバトの巣。小枝を適当にのせただけ

ドバトはベランダの隅やプランター、室外機の上などにもよく雑な巣をつくる

た、他の鳥類では、卵をのせる中心の「産座（さんざ）」に羽毛や柔らかい葉を敷いて、クッションや保温などになるようにしますが、やはりキジバトの巣ではほとんど見られません。

こんな雑な巣でも、次の繁殖年には古巣を再び利用することも多く、場合によっては、ヒヨドリやモズなど、他の鳥類の古巣を利用することもあるそうです。なぜそこまで巣づくりが苦手なのか不思議です。

なお、ドバトも、やっぱり枝を雑に組み合わせただけの巣をつくります。ベランダなどでよく見られます。

敵を巣から遠ざける！そのための演技

ここにお腹を空かせた1匹の野良ネコがいるとします。ネコは1羽の鳥に気づき、近づいていきます。鳥はケガをしているのでしょうか？　翼を広げるようなポーズでぐったりとした様子です。これは格好の獲物だ、とネコはさらに鳥に近づきます。

すると、鳥は翼を引きずりながら、ヨロヨロと逃げようとします。さらに接近するネコ。鳥はもはや絶体絶命か……と、そのとき！

突然、羽ばたいて逃げていく鳥。ネコは呆然と見送るしかありません。

これは鳥の擬傷（ぎしょう）行動と呼ばれ、

擬傷行動中のコチドリ

酔っぱらいのヨロヨロと歩いている様子が、擬傷行動中のチドリのように見えることから、「千鳥足」というようになった

天敵を巣から遠ざけるためによく行われます。つまり、ケガをしたフリのような動きで、敵を引きつけるというわけです。

擬傷行動は、地上で営巣する鳥、例えばコチドリなどのチドリ類、シギ類、キジ、ヒバリなどで比較的よく見られます。もしも、あなたが鳥の擬傷行動を見かけたら、その鳥はまさにあなたを巣から遠ざけようとしているのかもしれません。そんなときは、むやみに巣を探さず、無関心なフリをして、そっとその場を離れるとよいでしょう。

カルガモ
Anas zonorhyncha

親子で行進？ 引越し？ おまわりさんに誘導されて

日本の平野部で見られるカモ類のほとんどは、国外から冬にやってくる冬鳥、または山地から越冬のために降りてくる漂鳥です。そんなカモ類の中、カルガモだけは、平野部に広く繁殖する唯一の留鳥です。だからこそ、母親がヒナを連れて歩く、あの「カルガモの行進」が見られるわけでもあります。

カルガモのヒナは、生まれるとすぐに自分の足で歩き始め、親鳥についていって、エサも自分でとります。このような育ち方を「早成性」といいます。

母親は生まれたヒナたちを水面に連れて行こうとするのですが、このときに、車が行き交う道路を横断しなければならないことがあります。そんな親子を見兼ねて、優しいおまわりさんが車を停めて誘導してくれる様子が、初夏にローカルニュースでよく取り上げられます。

しかし無事に道路を横断できても、カルガモのヒナたちの闘いは始まったばかり。巣の中で大事に育てられる「晩成性」のヒナと違って、カルガモのような「早成性」のヒナたちは、その多くが大きくなる前に命を落としてしまいます。巣立ちのときは10～12羽ものヒナがいますが、2～3羽がオトナになれればよい方です。全滅してしまうことも少なくありません。なかなか厳しい世界です。

なお、厳密にはカルガモにも北国から越冬のために渡ってくる個体がいるようで、冬は個体数が多くなります。

道路を横断するカルガモの親子。「カルガモの行進」や「カルガモの引越し」と呼ばれる

早成性と晩成性の違い

早成性
生まれたときから羽毛がそろっており、すぐに巣を出て自分でエサをとり始める

晩成性
生まれたときは小さく羽毛も少ない。親からエサをもらい、大きくなってから巣立つ

鳥のクチバシ、
人の道具に例えたら？

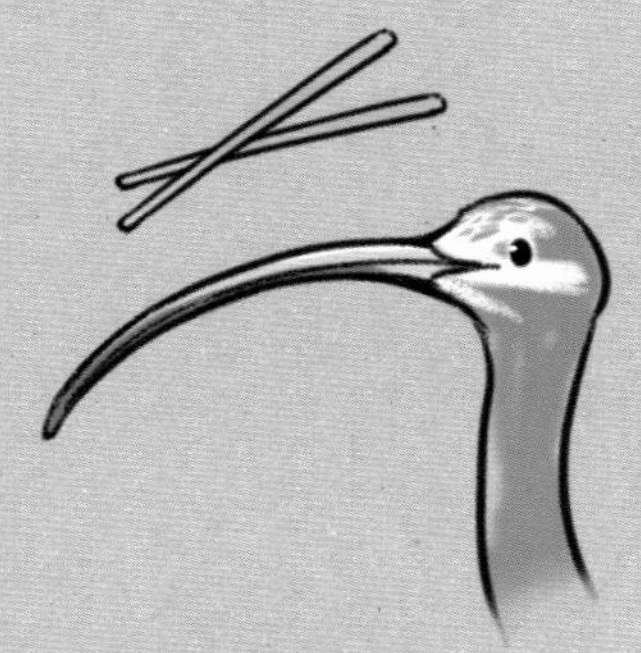

ダイシャクシギ

長いクチバシで穴の奥にいるエサもつまんで取り出せる

第4章

これ、誰の声？
どうしてこの動き？

鳴き声・仕草

一度は声を聞いたはず！ボサボサ頭の灰色の鳥

探鳥会などで歩いているとき、鳥の声が聞こえてくると、「この声、何？」とよく聞かれます。地域や場所にもよりますが、身近な鳥で一番名前をたずねられるのは、ヒヨドリだと思います。

ヒヨドリは山地から市街地まで、幅広く生息します。鳴き声がとても大きく、耳にとまりやすい鳥です。名前は、「ピーヨピーヨ」と鳴くからヒヨドリになったといわれています（他の説もあります）。この声が聞こえたら、木の上や電線など、少し高いところを探してみましょう。灰色の、ムクドリよりも一回り大きく、細長いシルエットの鳥が鳴いていたら、それがヒヨドリです。

このようにして、鳴き声と声の主の口の動きを同時にとらえることを、リップシンクロといいます。鳴き声だけだと、鳥はなかなか覚えづらいものですが、リップシンクロを意識することで、正確に効率よく鳥の名前と鳴き声を覚えていくことができます。

リップシンクロができていないがために、キジバトの声がフクロウの声だと思われていることがあります。分類学の世界でも、ブッポウソウと鳴く声の主はコノハズクだった、などの間違いが起きています。

大きな声で鳴くヒヨドリ

キジバトのさえずりは、よくフクロウの声と勘違いされる

特徴的な鳴き声が、他の鳥のものだと思われていたコノハズク

「ブッポウソウ」の声の主と間違われて、その名がついたブッポウソウ。実際は「ゲッゲッ」と鳴く

「カアカア」と「ガーガー」、2種類のカラスの違い

身近で見られる鳥、というと、スズメ、ハト、カラス……ぐらいは多くの人が答えられると思います。しかしハトやカラスという種名の鳥はおらず、グループ名のような呼び方であることは、バードウォッチャー以外にはあまり知られていないかもしれません。

一口にハトといっても、ドバトだったりキジバトだったりしますし、カラスなら、ハシブトガラスとハシボソガラスがよく見られます。全国を見渡せば、ハトにもカラスにも、さらに多くの種類がいますが、身近には2種のカラスがいる、と聞いた

警戒するとき

威嚇（いかく）するとき

幼鳥は口の中が赤い

ハシブトガラスの幼鳥は、おでこがシュッとしており、鳴き声も成鳥のように澄んでいないので、ハシボソガラスに間違えられやすい

だけでも、ふだん鳥に関心のない人は驚くことが多いようです。

このカラス2種は、見た目や仕草もいろいろな違いがありますが、わかりやすい違いの一つが、鳴き声です。一般的にハシブトガラスは「カアカア」と澄んだ声、ハシボソガラスは「ガーガー」と濁った声で鳴きます。ハシボソガラスの場合は、首を上下にゆらしながら鳴くのも一つのポイントです。

ただしこの識別点はあくまで傾向であって、ハシブトガラスが「ガー」と鳴くことなどもあり、注意が必要です。

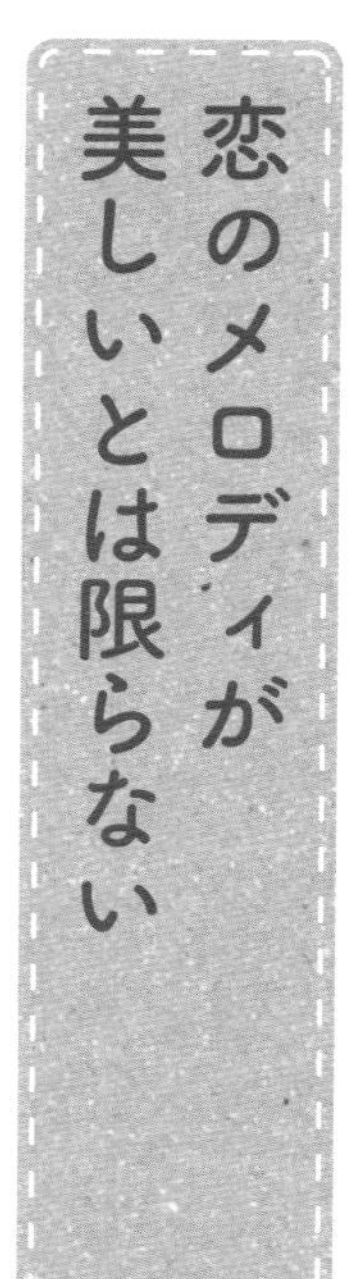

カワラヒワは早春になると、河川敷などで「ビィーン、ビィーン」と濁った声でよく鳴いています。その合間に、「キリリリ♪　コロロロ♪」と可愛らしい声も聞こえます。後者がさえずりかと思いきや、前者の「ビィーン」という単調な濁った声が、カワラヒワのさえずりとされています。

鳥の声は大きく分けると「さえずり」と「地鳴き」の2種類があります。一般的には、さえずりは英語で「song」といわれるように、歌のように複雑で、美しい声です。求愛やなわばり宣言の意味を持っているといわれています。

一方の地鳴きは、英語でいうと「call」です。警戒や威嚇、恐れ、喜び、集合の合図、存在の確認など、声ごとに様々な意味があります。傾向としてはさえずりよりは単調で短い声ですが、カワラヒワのようにわかりにくい例もあります。

また、カラスやヒヨドリなど、さえずりと地鳴きの線引きが難しい種類もいます。

「さえずり」と「地鳴き」という言葉も便宜上、人が定義したものにすぎず、鳥の鳴き声については、まだよくわかってないことが多いのが現状です。

鳥が鳴いていたら、どんな意味、どんな意図があるのか考えながら、観察してみると面白いかもしれません。人に警戒しているな、と思ったら少し距離を取る判断ができるなど、鳥見にも役立ちます。

さえずり
ビィーン
地鳴き
キリリリ
コロロロ…

カワラヒワ

さえずり
ツツピー
ツツピー
地鳴き
ツピ
ジュグジュク
シジュウカラ
さえずり
ホ〜ホケキョ
地鳴き
チャッチャッ
ケキョケキョ
ウグイス

ホオジロ　アオジ
Emberiza cioides　*Emberiza spodocephala*

「チッ」の一声だけでも何の鳥かわかる

チッ
アオジは「チッ」と鳴く
チッ
公園の植え込みなどからも声が聞こえるが、色も地味で姿は見つけにくい

冬の公園を歩いていると、やぶの中から「チッ」という声が聞こえることがよくあります。少し大きな緑地ならクロジの可能性もありますが、街なかの公園であればアオジの可能性が高いでしょう。アオジはスズメよりちょっと大きい鳥です。その「チッ」という声は地鳴きで、仲間がいることの確認や、飛び立つときの合図などの意味があると考えられています。文字で「チッ」と表記してしまうと、舌打ちのような音をイメージされるかもしれませんが、舌打ちよりはずっと高い音程の「チッ」です。

また、似たような音質で「チチッ」や「チチチッ」と2～3声で鳴いていれば、ホオジロです。少し軽い感じの「チッ」で群れでいれば、カシラダカかもしれません。そんなのベテランでないとわからない……と思われるかもしれませんが、慣れれば聞き分けは意外とできます。

鳥の鳴き声の代表は、やはりさえずりですが、秋～冬に鳥はあまりさえずりません。地鳴きにも耳を傾けると、鳥を見つけたり、識別したりするための大きな手がかりになります。

「チュンチュン」だけ？もっとあるスズメの声

マンガなどで背景に「チュンチュン」と描くだけで朝の雰囲気が出る（朝チュン）

リアルにいろんなスズメの鳴き声を表現するとこうなる……

マンガなどで、街なかの風景を描き、「チュンチュン」という文字を添えるだけで、「このシーンは朝なんだな」と読者は理解できます。それほどまでに、スズメといえば「チュンチュン」、そして「朝」という根強いイメージがあります。

しかし、本当にスズメは「チュンチュン」と鳴いているのでしょうか？ 近くのスズメの声をよく聞いてみると、たしかに「チュン……」「チュン……」と鳴くことが多いですが、実際には「チ、チ、チ」や「ピチュン、ピチュン」など、意外といろんな鳴き方をしていることがわか

チュンチュンだけではない、いろんなスズメの鳴き声

ります。例えば、低く鋭い声で「ジュジュ、チチチ」と鳴いていたら、警戒しているのかもしれません。また、交尾のときには「ピヨピヨピヨ」という可愛い声も出します。

また、スズメもさえずりがわかりづらい種ですが、春に「チュンチュンチュピチュピチュン」などと似たようなフレーズを何度も繰り返していたら、さえずりの可能性が高いでしょう。

スズメ一種を例にあげても、よくよく声を聞いてみると、実にいろんな鳴き声のバリエーションがあることがよくわかります。

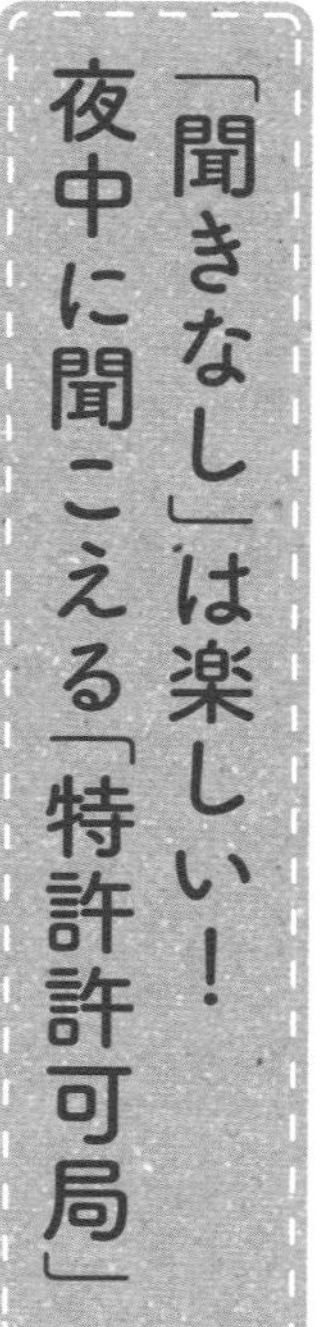

「聞きなし」は楽しい！夜中に聞こえる「特許許可局」

初夏の頃、住宅地などでも近くに緑地があれば、夜中に「トッキョキョカキョク」という大きな鳥の声が聞こえることがあります。夏鳥のホトトギスです。この声は漢字で「特許許可局」とよく表現されます。このように遊び心で鳥の声を人の言葉に置き換えることを「聞きなし」といいます。楽しく効率よく鳥の声を覚えられる方法でもあります。

聞きなしに定番といわれるものはありますが、どう聞きなすかは個々人の自由です。一つの声に1種類ではなく、また、国や文化によっても聞きなしは様々なものがあります。例えばコジュケイは、日本では「チョットコい」ですが、英語圏では「People pray」（人々は祈る）です。逆にカッコウのように、英語でも「Cuckoo」、ドイツ語でも「Kuckuck」というように、どの国でも聞こえ方は同じ、という種もいます。

定番の聞きなしには、ツバメの「土食って虫食って、口しぶ〜い」などのように「本当にそう聞こえる？」という、若干こじつけのようなものや、ホオジロの「一筆啓上仕り候（いっぴつけいじょうつかまつりそうろう）」のように、その聞きなしが生まれた時代を感じるものなど……いろいろあります。

自分なりに覚えやすく、現代風のオリジナルの聞きなしを考えるのも楽しいと思います。

焼酎一杯グイーッ

センダイムシクイ

ドアがきしむような音に自転車のブレーキ音

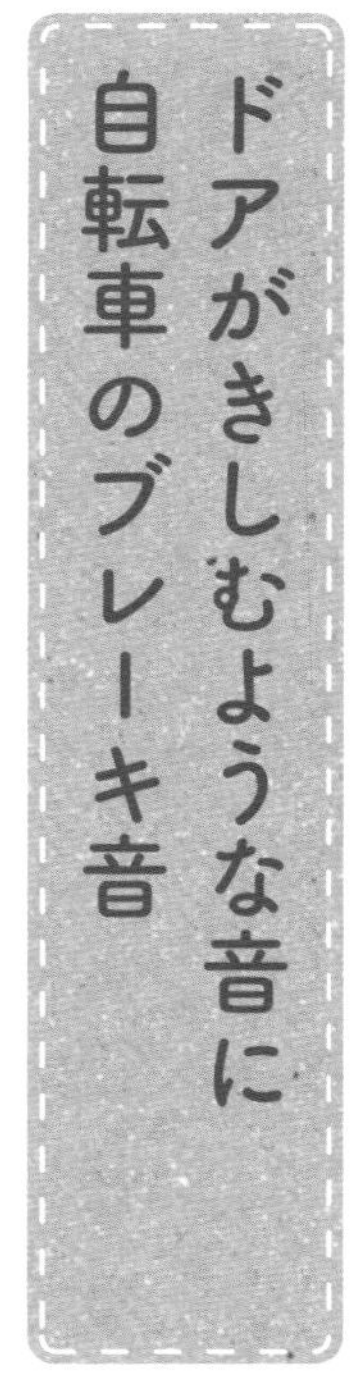

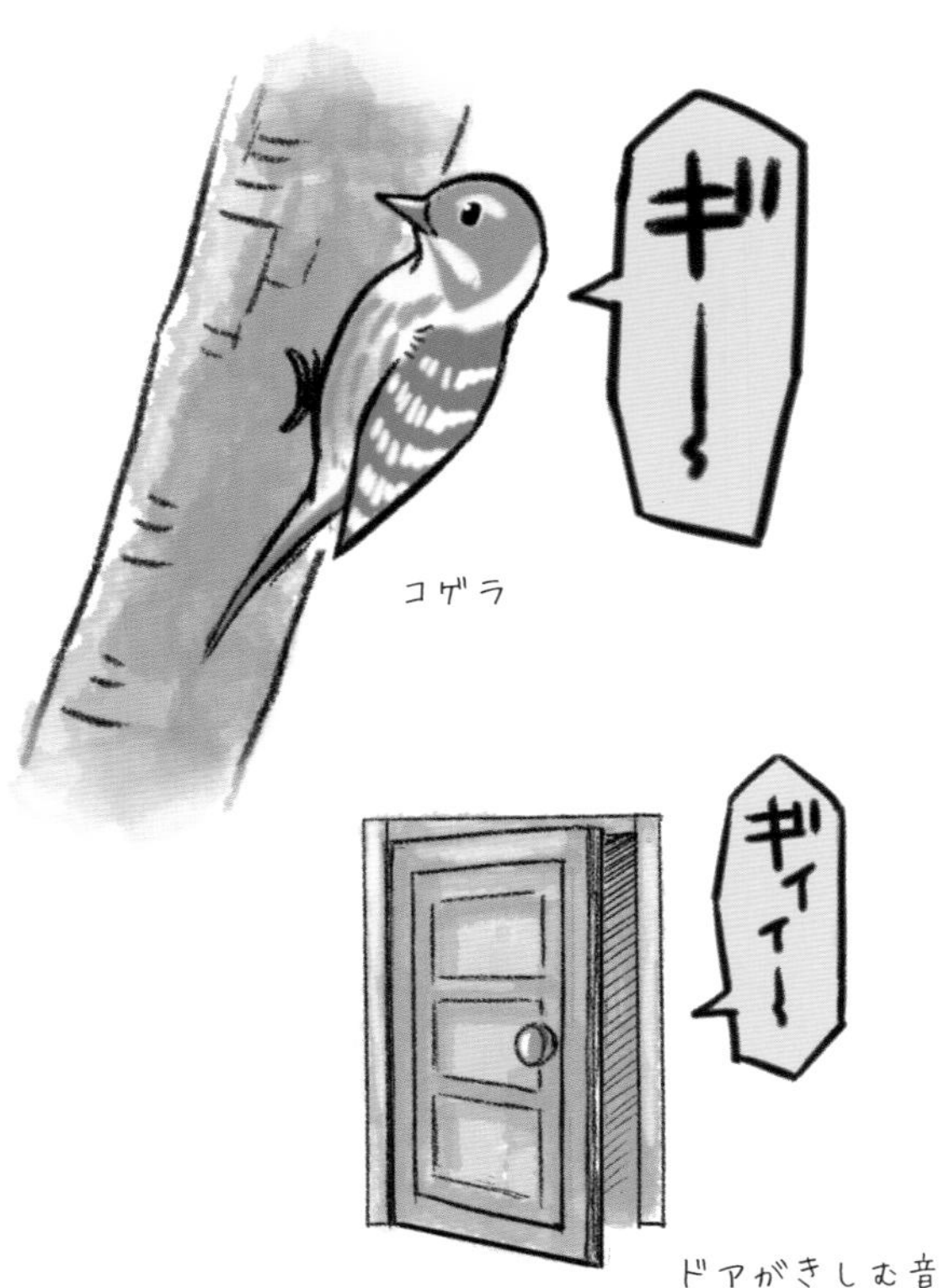

コゲラ

ドアがきしむ音

外を歩いていて「ギィー……」という低い鳥の声が聞こえたら、近くの樹木に目をやってみましょう。小型のキツツキ、コゲラが見つかると思います。この「ギィー」はコゲラの地鳴きで、ドアがきしむ音によく例えられます。似ている声の鳥はいないので、声だけですぐにコゲラだとわかります。

このように、単調で覚えにくそうな地鳴きも、さえずりの聞きなしのように、似ている音質のものに例えると覚えやすくなることがあります。

水辺で、「チー」や「キッキッ」という高い音がしたら、水面す

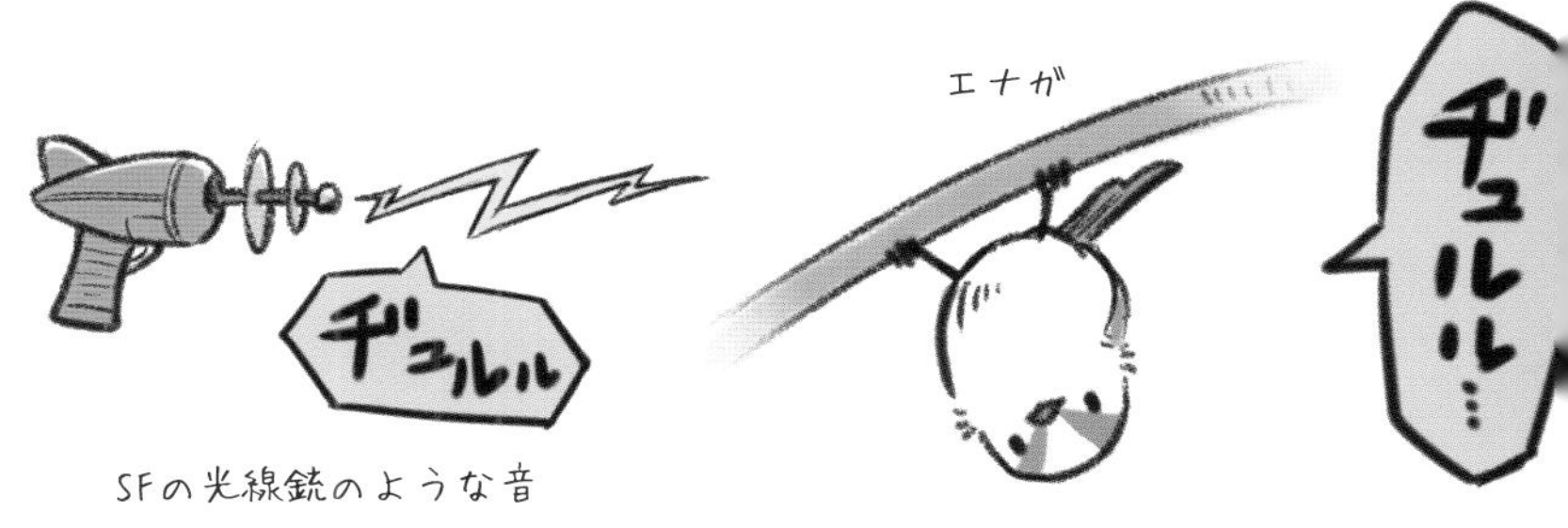

れすれのあたりの空間や、水辺周辺の張り出した木の枝などを探すと、カワセミが見つかります。この音は、自転車のブレーキ音によく例えられます。そのため、この声を覚えることで、カワセミを見つけやすくなりますが、代わりに自転車のブレーキ音にもいちいち反応してしまうという、妙な呪いを受けることになります。

エナガも鳴き声から探すとよい鳥です。「チュルル……」という巻き舌のようなリズムの高音で、SFに出てくる光線銃の音と似ています。群れでいると、かなりにぎやかです。

ヨシ原のジャイ○ン？ インパクト大の歌

街なかの河川でも、小さいヨシ原になっているところによくいる。ソングポスト（お気に入りの場所）をいくつかめぐりながらさえずっている

河川敷によく生えているヨシ。ススキやオギに似ているが、葉の中央に白い筋がないことなどが特徴

鳥のさえずりは、一般的に美しい声のものが多いです。しかし人と鳥の感性は違いますから、同種のメスにとっては聞き惚れる声であっても、よい歌と人が感じるとは限りません。近くにヨシの茂るような河川敷があれば、春〜夏に歩いてみると、歌とも叫びとも区別のつかない、けたたましい声を発している鳥がすぐに見つかります。夏鳥のオオヨシキリです。

ヨシの上の方にとまり、大声で盛んに「ゲッゲッ、ギョギョシギョギョシ……！」と鳴いているのですが、美しいと感じる人は少ないでしょう（個人的に

オオヨシキリはウグイスに似て地味な見た目だが、声の個性がすごい。オレンジ色の口の中が目立つ

は好きですが）。人によっては音痴と感じるかもしれません（個人的には好きですが）。

この「ギョギョシ」という声は「行々子（ぎょうぎょうし）」と聞きなしされ、夏の季語にもなっています。江戸の三大俳人、小林一茶も「行々子　口から先に　生まれたか」と、にぎやかすぎるこの鳥を冗談っぽく歌っています。俳人も歌にしてしまうほど、ユニークな鳴き声に感じられたのでしょう。

なおヨシキリの名前の由来は、ヨシを切って（穴をあけて）中の昆虫を食べるとも、ヨシ原に限って巣をかける「ヨシ限り」からきているともいわれています。

飛んで息を吸いながら大きな美声で歌う

春に農地や河川敷などの上空から、美しくさえずる大きな歌声が聞こえてきたら、ぜひ空を見上げてみてください。すぐに見つけるのは難しいかもしれません。しかし、よく目をこらして探してみると、見つかると思います。豆粒ほどにしか見えないほど、高空に舞い上がって歌っている鳥、ヒバリです。

多くの小鳥は、木の上などにとまってさえずりますが、ヒバリは飛びながらさえずる鳥の一種です。パタパタと羽ばたきながら歌うその姿は、なんだかせわしない気もします。ただ飛びながら歌うのではなく、複雑な旋律を大きな声で、それも途切れることなく、飛びながら歌い続けるのがヒバリのすごいところです。

息継ぎしなくて大丈夫なんだろうか？ と心配になってしまいますが、どうやら息を吸っているときもヒバリは発声をしているようです。鳥は息を吸うときにも音を出せるのです。例えばウグイスは「ホーホケキョ」という声を出しますが、この最初の「ホー……」は吸いながら発声しているそうです。

鳥は鳴管（めいかん）という、人にない器官を発達させているため、息を吐くときも吸うときも、キレイな音が出せます。人の声帯は鳴管ほど有能ではなく、息を吸いながら音を出すのは困難です。やろうと思えば音が出ますが、ふつうは変な音になります。余談ですがデスボイスの一種などは、吸いながら音を出すそうです。

羽ばたきながら、「ピーチュル、ピーチュク」といったような複雑な旋律で歌い続けるヒバリ

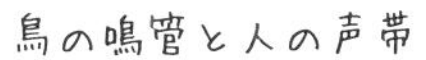

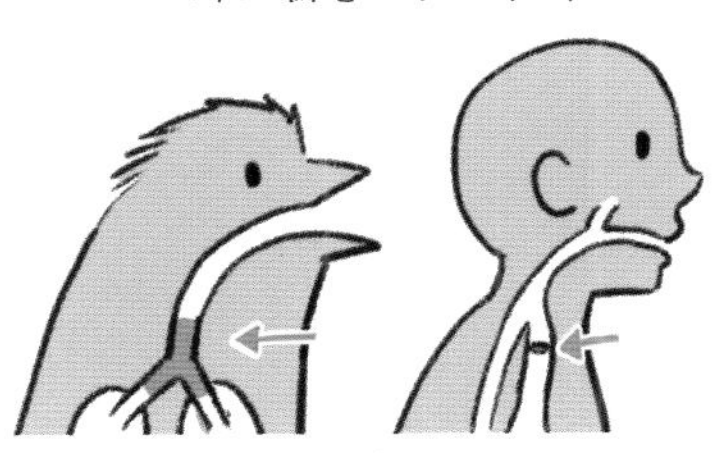

息を吸うときにも声が出せる

息を吸いながらだと変な声しか出ない

やろうと思えば人も吸いながら音を出せるが、キレイな発声は難しい（デスボイスなどではその発声法がある）

春告鳥の初鳴き、出来はイマイチ？

生物季節観測とは？

気象庁が身近な生物を観測し、その年に初めて確認できた特定の現象があった日を記録する。ウグイスの初鳴きの場合、例年、九州では2月頃から、関東では3月頃から、北海道では4月頃から、観測されていた。2021年から動物は対象外となり、一部の植物についてのみ継続される

みなさんは何をもって「春」を感じるでしょうか？　サクラの花が開く、チョウが飛び始める、など、春を告げる要素はいろいろあるかと思います。鳥の中にも、春を知らせる代表種がいます。ウグイスです。「ホーホケキョ」の声をその年に初めて聞くと、多くの人は春を感じるのではないでしょうか。そういったことから、ウグイスには春告鳥（はるつげどり）という別名もあります。

しかしなかには、最初は歌がちょっと下手な個体もいます。「ホー……」の部分がなかったり、「ホケッ」だけで「キョ」がなかったり……。他にも音程

若いウグイスの初鳴きはあまり上手くない

が変だったり、音が多かったり、少なかったり、声が小さかったり……と、春の初め頃に変な歌い方をする個体は、たいてい若鳥です。幸い、若鳥たちも歌を繰り返しているうちに、だんだん上手になっていきます。ヒナはオトナのオスの声を聞いて、鳴き方を覚えるそうです。自分の声を、父親の声に近づけていこうとしているのでしょう。

なお、ウグイスの声がその春初めて確認された日は、気象庁の「生物季節観測」の一つとして、１９５３年から記録されていました。ただ、２０２１年以降は継続されない予定です。

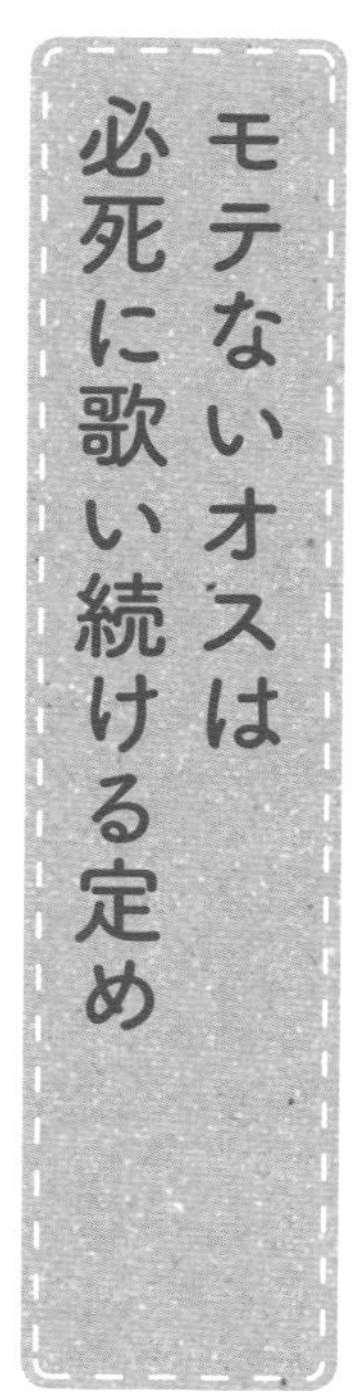

ホオジロの聞きなしの一つ

独身のオスは、目立つところで天に向かい、必死にさえずる

鳥類のさえずりが最も聞こえるのは繁殖期の初期、春です。それから徐々にさえずりは落ち着いていきますが、なかには、夏頃になっても必死になってさえずっているオスたちがいます。パートナーが見つかっていない、少し気の毒なオスたちです。

わかりやすいのはホオジロで、既婚のオスか、独身のオスかによって、さえずりが極端に違います。独身のオスは木のてっぺんや電線など、目立つところで同じフレーズの歌を何度も繰り返して鳴きます。大きく首をそらして、口を天に向け、のどの白い部分を強調しているように

も見えます。

一方、つがい相手を得たオスは、クチバシを水平にする程度の姿勢でさえずり、声も控えめになります。既婚のオスは1日のうち30パーセント程度の時間を、独身のオスは1日のうち50～80パーセントもの時間をさえずりに使うといいます。

ホオジロは求愛のとき、木のてっぺんなどの目立つところにとまり、同じフレーズを長時間鳴き続けるので見つけやすい鳥です。夏頃にさえずっているホオジロを見つけたら、独身か既婚か考えて見てみると面白いかもしれません。

イソヒヨドリのオス

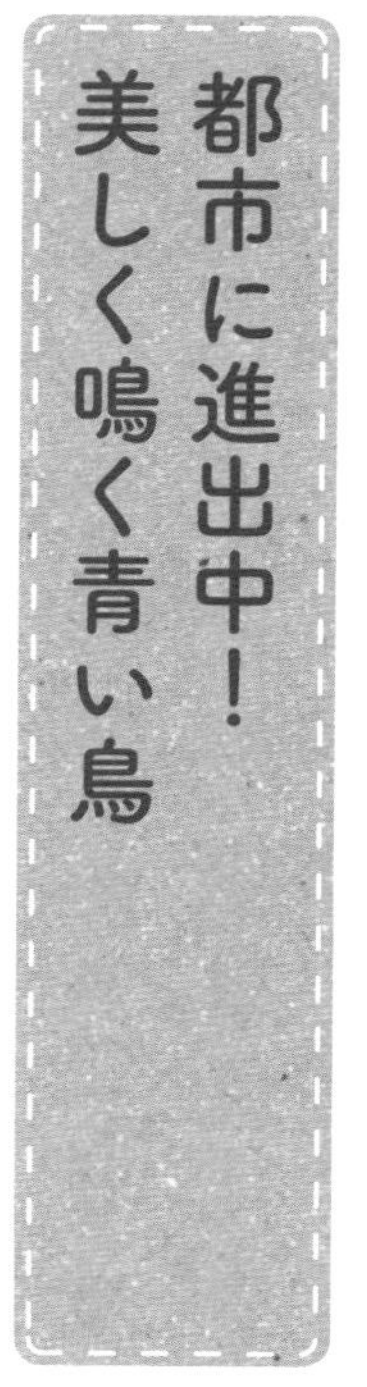

都市に進出中！美しく鳴く青い鳥

近年、内陸部の都市などで聞き慣れない美しいさえずりが聞こえるようになりました。オオルリなどを連想させる旋律ですが、街なかにそんな鳥がいるはずがない……と探すと見つかるのは、ビルの上にとまるイソヒヨドリです。「ククク……」という地鳴きから、カエルと勘違いする人もいるようです。

　イソヒヨドリはツグミ程度の大きさで、オスはお腹が赤く、顔から背中が青い美しい鳥です。日本では名前の通り、「磯（いそ）」で主に見られる鳥でしたが、近年は海岸から遠く離れた内陸部でも見られるようになりました。

本来の「磯」では、崖地の岩のすき間などに営巣しますが、内陸部では建物の屋上や屋根のすき間、通風口などに営巣しています。イソヒヨドリにとっては、建物も磯の崖地も、似たような環境なのかもしれません。

イソヒヨドリは1990年頃からどんどん内陸部に進出し、今では山梨県甲府市や長野県飯田市でも繁殖が確認されています。しかし、全国で起きている当の理由はナゾのままで、まだよくわかっていません。

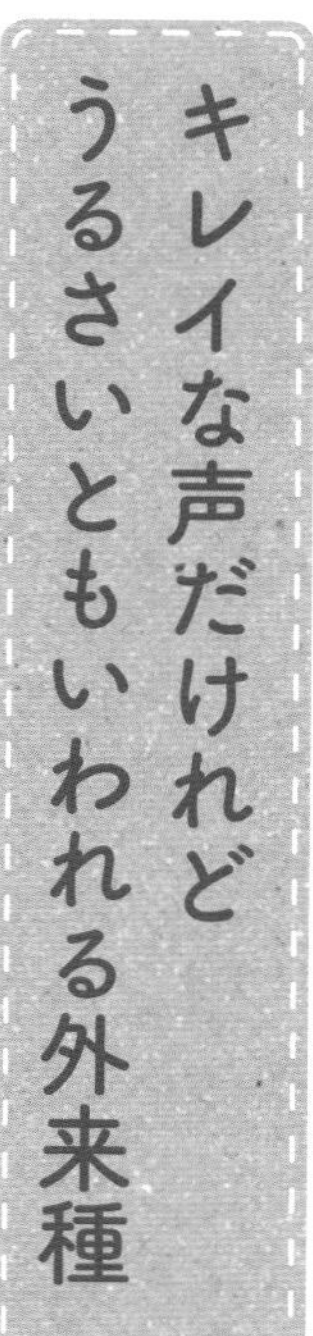

目の周りの白い眉（まゆ）が、「ガビチョウ（画眉鳥）」の名前の由来

声は大きいが、やぶの中で鳴いていることが多く、姿は見つけにくい

中国では姿も声も美しい鳥として、よく飼育もされている

鳥を含め、動物の世界には絶滅危惧種のように数を減らしているものもいれば、環境に適応してどんどん分布を広げているものもいます。なかには本来の分布域外から人為的に持ち込まれ、その後、野生化して分布を広げている動物、つまり外来種と呼ばれる動物たちもいます。

近年、「変な鳴き声が聞こえるようになった」と住宅地付近でも話題になることが多い外来鳥がいます。ガビチョウです。ガビチョウは「特定外来生物」にも指定されており、明確な論拠はありませんが、生態系への影響も懸念されています。

体はウグイスより一回り大きく、そのためか、声もとても大きいです。さえずり自体は、悪くない、人によっては美しいとさえ感じられる歌声ですが、とにかく大きいので敬遠されがちです。しかし原産地の中国では、美声の持ち主ということで人気の鳥らしいです。

懸念されるのが日本の生態系への影響ですが、その程度や可能性については、まだ詳しく研究されていません。ただ、ハワイではガビチョウの侵入により在来種が減ったとの報告もあるので、無視できない存在といえるでしょう。

また、同じく特定外来生物で、鳴き声もキレイなことで有名なソウシチョウがいますが、こちらは山地からあまり降りてこないので、ガビチョウほど分布は広がっていないようです。

※特定外来生物とは、外来生物のうち、特に生態系への影響などが懸念される種として、捕獲や運搬、譲渡などの様々な行為が法律で禁止されている種

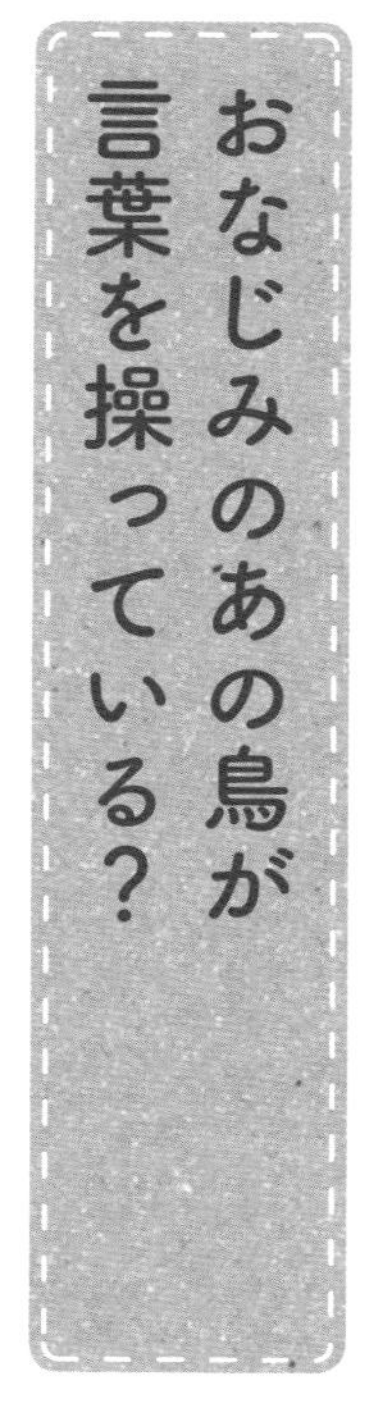

おなじみのあの鳥が言葉を操っている？

鳥の鳴き声には様々な意味があることが研究によりわかってきています。例えば、身近で見られる小鳥の代表種、シジュウカラは、子育て中の親が子どもに危険を知らせるために、鳴き声を使い分けていることがわかっています。親鳥はカラスが巣の近くに来たら「チカチカ」という声を出し、ヒナたちは体を低くしてカラスをやり過ごそうとします。また、アオダイショウなどのヘビが巣の近くに来たら、親鳥は「ジャージャー」と鳴いて、ヒナたちを巣から逃がそうとするというのです。

また、シジュウカラは地鳴き

の種類が多く、それを規則的に組み合わせることで、複雑な意味を生み出し、さらにそれを理解できることもわかってきています。例えば警戒しろという意味の「ピーツピ」と、近づけという意味の「ヂヂヂヂ」を組み合わせ、「ピーツピ、ヂヂヂヂ」という順番で鳴くことにより、「警戒しながら近づけ」という意味を生み出せるそうです。

人以外の動物で、文法に従って文章をつくることができるのを確認できたのは、このシジュウカラが初めてとのことです。身近な小鳥にそんなすごい一面があったなんて、驚きですね。

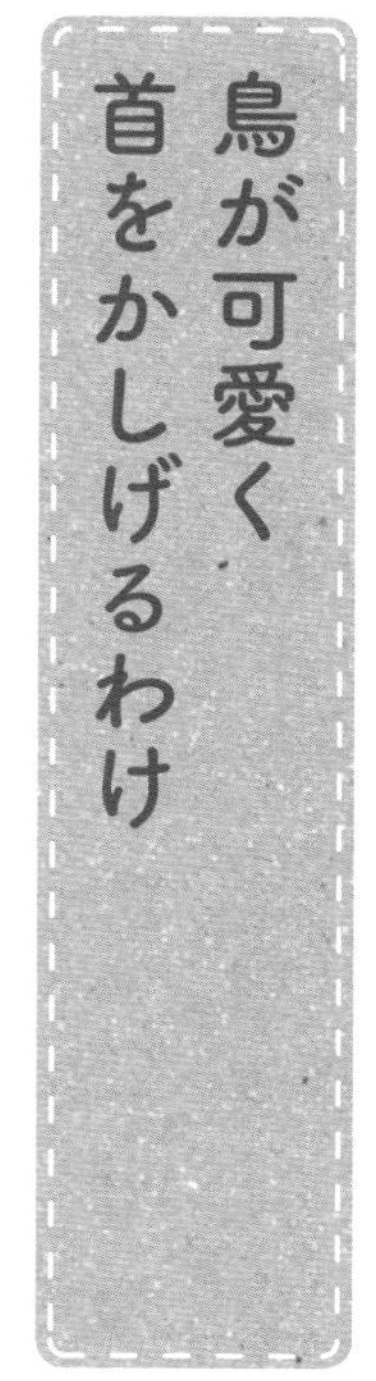

鳥が可愛く首をかしげるわけ

首をかしげるエナガ。可愛いが、人ウケを狙ってのものではない

小鳥を見ていると、たまに首をかしげていることがあります。人でいえば、「ちょっと何言ってるかわからない」というときに、取るようなポーズです。しかしこのときの鳥は、何かを疑問に思っているわけではなく、人に可愛さをアピールしているわけでもなく、周囲をよく見ようとしてこのポーズを取っているのです。

小鳥の目は基本的に横についているので、横方向はよく見えます。これは周囲の状況を常に確認し、エサや天敵を探すのに便利です。ただし、一部の猛禽類などでは、天敵への警戒より

なんだハトか…
首をかしげると、上空と地上がよく見える
首を立てていると、左右がよく見える

鳥類は眼球を動かすことができないので、注視したいときは首を傾ける
※上図の視野（青い部分）はイメージ。実際にどう見えているかは確認されていない

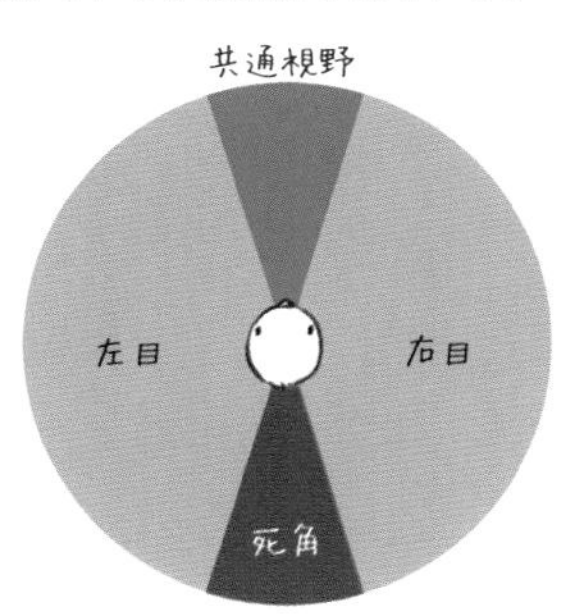

小鳥類などの視野は広いが、立体視はあまり得意ではない

も獲物がいる前方の空間を立体的に見る必要があるため、目は前方寄りについています。

　また、鳥類は私たち人と違って、眼球をぐるぐる動かしていろんな方向を見ることができません。その分、頭をよく動かして、いろんな方向を見ようとします。

　つまり、小鳥類が首をかしげているときは、上空の天敵などを気にしているのでしょう。

　また、鳥には利き目があるそうです。どちらに首をかしげているのか、個体ごとにくせがないかなど、観察してみると面白いかもしれません。

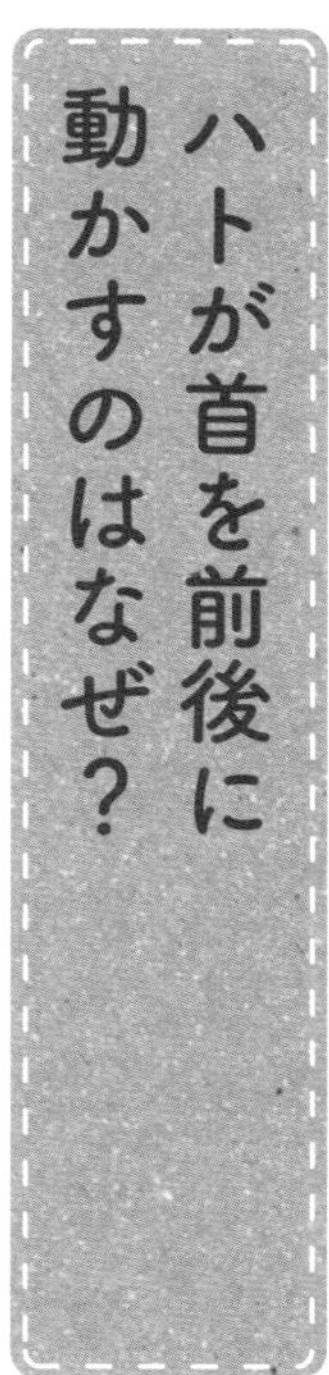

ドバトの歩き方

首を前につき出す

首の位置はそのままで歩く

首をつき出す

歩く（この繰り返し）

ハトが首を振っている（ように見える）のは、周りをよく見るためといえます。ハトの目は頭の横についているので、前に歩けば当然、横に見えている景色も動いてしまいます（人の目は前についているので、前に歩いても、景色はそれほどブレずに済みます）。

ふつうに歩くだけで、めまぐるしく景色が動いてしまうと、周囲の状況を確認できず、不便です。天敵やエサを常に探している野生動物にとって、生死に直結する問題ともいえるでしょう。しかも、鳥類は眼球を動かせません。

そこでこの首振りです。ある実験では、ハトを固定したまま、周りの景色だけを動かしたら、ハトが首を振ったといいます。この実験から、ハトは周りをよく見ようとして、頭の位置ができるだけ変わらないようにしている、それが首を振っているように見えるとわかりました。

すなわち、ハトは首を振っているというよりは、首を空間に固定して体を動かして歩いているという言い方の方が適切かもしれません。

なお、この「首固定」はハトに限らず、また歩行時に限らず、他の鳥類でも見られます。

「だるまさんが転んだ」を1羽でやっている鳥

冬、渡来してすぐの頃は、木の上で木の実などをよく食べている(あまり地上には降りてこない)

「だるまさんが転んだ」という遊びをご存じでしょうか? 簡単にいうと、鬼が「だーるーまーさーんーが……」と言っている間に、他のプレイヤーは動くことが可能で、鬼は「……転んだ!」まで言い切って振り向いたときに、動いている人がいれば捕虜にできる、鬼は全員を捕虜にしたら勝ち、プレイヤーは鬼のところまでたどり着けば勝ち、という遊びです。

ツグミという冬鳥は、草地などの開けた場所で、テテテーッと素早く歩いていたかと思うと、急にピタッと立ち止まります。またテテテーッと歩く、立ち止

急にピタッと立ち止まる

まる、という動きを繰り返します。その動きは「だるまさんが転んだ」にそっくりです。

ツグミは、ハトやセキレイのように首を動かして歩くことはしません。立ち止まったときに、周りをよく見て、安全を確認したり、エサを探したりしているようです。

なお、ツグミは例年、日本に渡ってきたばかりの頃には、樹上で木の実を食べていることが多いので、あまり「だるまさんが転んだ」は見られません。冬が深まってくると、地上に降りて、よく採餌をしているので、見られるチャンスが増えます。

※余談ですが最近の子どもの間では、「だるまさんの１日」という遊びの方が流行っているようで、「転んだ」の方はあまりやっていないと聞きます

鳥のクチバシ、
人の道具に例えたら？

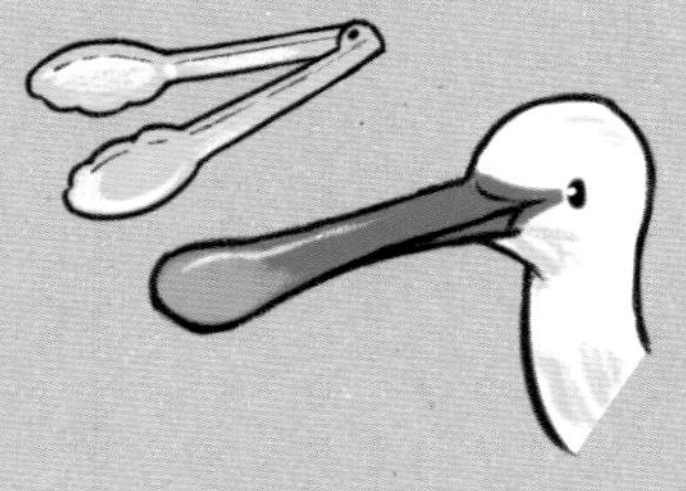

ヘラサギ

水中でトングのようなクチバシを左右に振り、エサを捕らえる

第5章

まだまだ面白い！鳥たちの生きざま

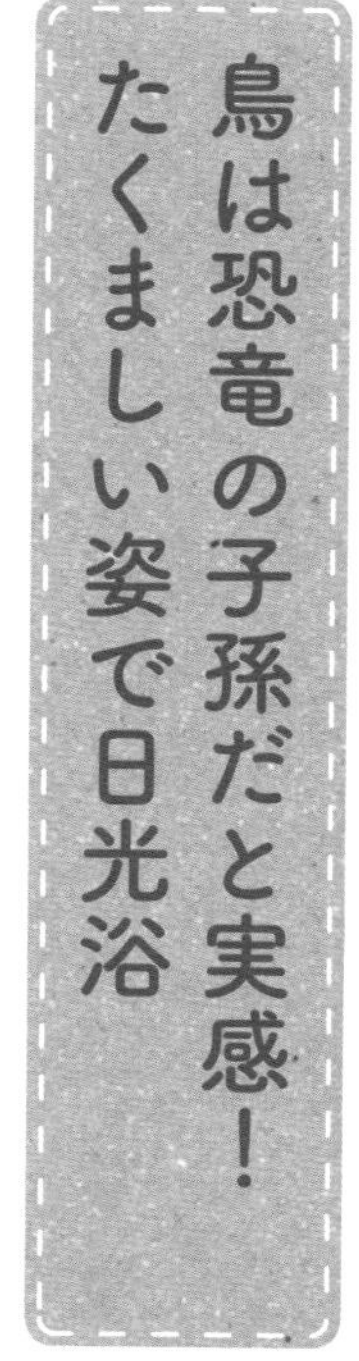

鳥は恐竜の子孫だと実感！たくましい姿で日光浴

日光浴の姿が独特なアオサギ。翼を半開きにするようにして、じっと立つ

ハト類は地上で日光浴している姿が、身近でもよく見られる

水辺を歩いていると、カワウが杭の上や岸辺などで日光浴をしている姿をよく見かけます。彼らは潜水して魚をとる種類なので、水になじむよう親水性が高い羽毛をまとっています。裏返せば、羽毛の撥水性（はっすいせい）は低く、一度ビショビショになると乾きにくいので、翼を広げて日光に当てて乾かそうとしています。体温の高い鳥類にとって、羽毛がビショビショのままというのは、大きな問題なのです。

一方、あまり潜水しないカモ類の仲間などでは、羽毛の撥水性が高く、陸地に上がるとすぐに乾きます。

カワウは潜水能力に特化した結果、濡れやすい羽毛という対価を支払っているといえるでしょう。しかし体温保持のため、結局たくさんのエサをとらなければならないので、カワウのような生き方、カモのような生き方、どっちがよいのか簡単にはいえません。

また、キジバトやドバトも観察していると、羽を広げて地面で日光浴をしていることがよくあります。こちらは日光に当たって体温を調節したり、太陽光の働きにより体内でビタミンDを生成する目的などがあるようです。

羽毛のかたまりに足1本！日中は寝ている鳥たち

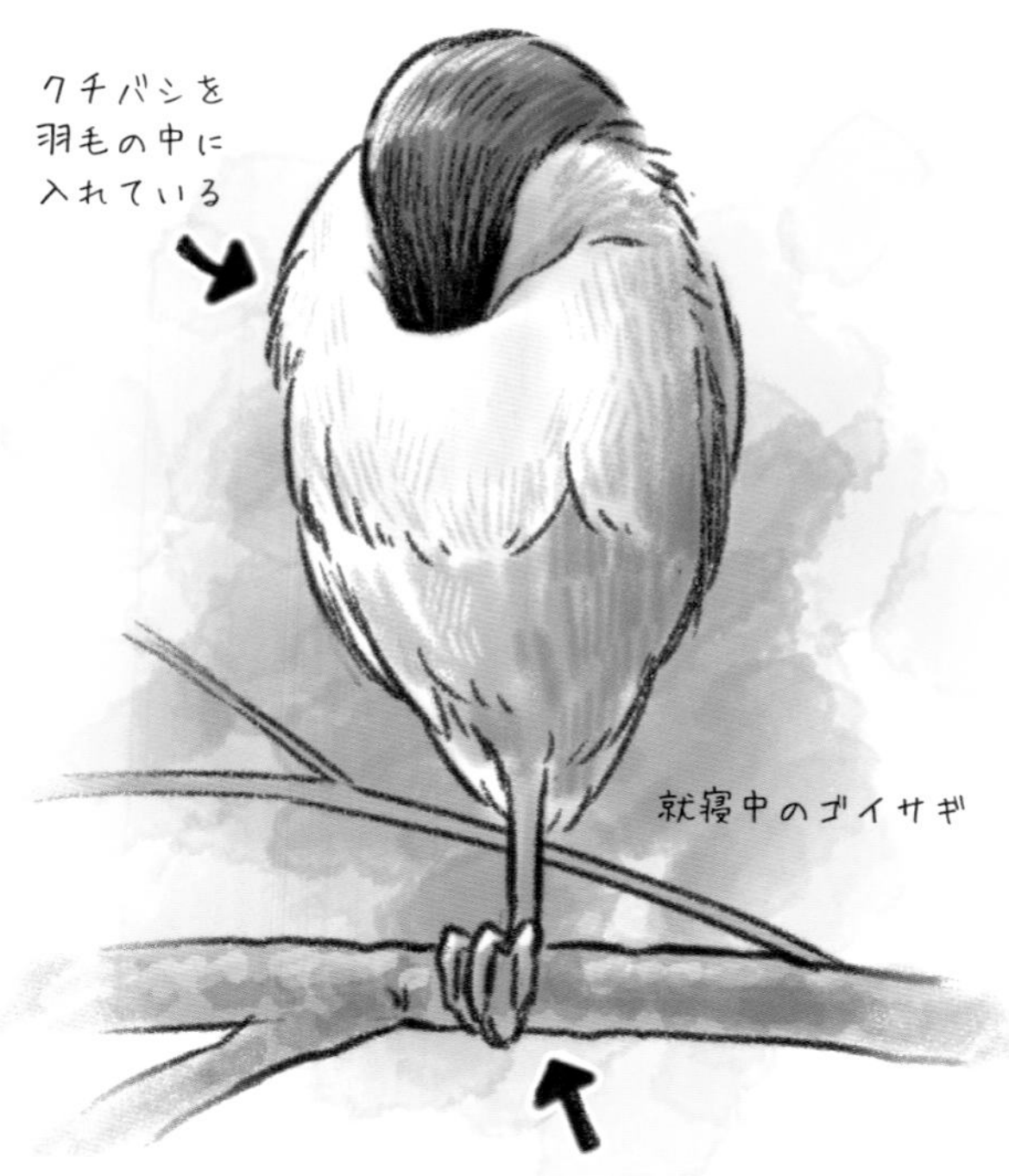

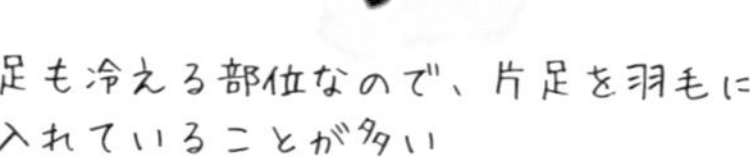

池のほとりのやぶの中を見ていると、ゴイサギなどの夜行性種が寝ていることがあります。「なんか変だぞ？……く、首がない！……か、片足しかない！」と思いきや、クチバシや片足は羽毛の中にしまいこんでいるだけです。鳥類にとって、クチバシや足先は羽毛のない裸出部なので、体温保持のために就寝時はよくしまっています。

ゴイサギなどのほか、カモ類も寝姿をよく見かけます。カモ類は日中にも活動していますが、どちらかといえば夜行性で、お昼頃になると安全な岸辺や池の真ん中あたりで休んでいること

カモ類も日中は寝ていることが多い……と思いきや、目だけ開けて警戒しているときも

アオサギも長い首やクチバシを上手にしまいこんで眠る

怪奇！首なしアオサギ？

が多いです。クチバシを背中の羽毛にうずめて、やはり片足立ちになっていることがよくあります。冬に海辺のスズガモを観察しようと思って、お昼頃に行ったら、何百羽もいるスズガモのほとんどが寝ていてがっかりすることもあります。寝姿はそれはそれで愛嬌があって可愛らしいものですが。

　また、カモ類は下まぶたを上げて寝るのですが、このとき白目を剥いているように見えることがあります。ちょっとホラーですが、一説によると天敵に対して「起きてるぞ」とアピールしているとも考えられています。

体を洗うのは水、砂、それとも？

水浴びする鳥たち。頭を水に浸して激しく左右に振る（鳥ドリル）

蟻浴をするカラス。カラスには、雪浴びや煙浴（えんよく）をするものもいるという

動物は基本的にキレイ好きです。人は体を清潔に保つためにお風呂に入ったりシャワーを浴びますが、野鳥も水浴びをよく行います。

寄生虫や雑菌が体に多く付着していると病気になってしまいますし、羽毛に汚れがついていると、保温性や撥水性といった機能が低下してしまいます。つまり、いかにして体を清潔に保つかは、動物にとって生死に直結する重要な課題といえます。

そんな中、変わった入浴スタイルを持つ野鳥もいます。身近で見られる種では、例えばスズメ。スズメは砂場を浅く掘り、

そこでパタパタと羽を動かして「砂浴び」もします。公園や庭先の砂地が不自然にくぼんでいるときは、スズメがお風呂をつくった跡かもしれません。他にも砂浴びする種類は、ヒバリ、キジ、ライチョウなどがいます。

さらに特殊なものとして、カラスの「蟻浴（ぎよく）」があります。文字通り、アリの巣の近くに座り込み、アリを何十匹も体にすりつけたり、はわせたりする行動です。アリは蟻酸（ぎさん）という化学物質を出すので、それに殺菌や防虫効果があると考えられていますが、詳しい理由はよくわかっていません。

水を飲むのも水浴びも食事も飛びながら

ツバメの口幅は広く、飛びながらエサをとりやすいような形状をしている

虫とり網のように、効率よく虫がとれる

ツバメはとても身近な鳥でありながら、いつもすごいスピードで飛び回り、とまることもほとんどないので、じっくり観察するのが意外と難しい鳥です。

「飛翔」というのは鳥類の最大の特徴ですが、ツバメの仲間は特に飛翔能力に長けた種類です。急旋回、急上昇、急降下、ホバリングなど自由自在に飛ぶことができます。時速50〜200キロメートルもの速さで飛び回るので、写真を撮ろうにも容易にはいきません。

口も横長で大きく開く構造になっており、飛びながら空中で昆虫をキャッチするのに最適化

されています。また、水辺の低いところをツバメが飛んでいたら、飛びながら水を飲んだり、水浴びするところを見られることもあります。巣立ちビナにエサをあげるときも、飛びながらあげたりと、何かとせわしなく飛び続けています。

ツバメとは少し違うアマツバメというグループの鳥は、なんと飛びながら睡眠を取ることもできるそうです。最長で10か月連続で飛び続けたという記録もあります。

ツバメやアマツバメの仲間は、鳥類の中でも特に空中生活に特化したグループでしょう。

暑い日の鳥たちはぽかんと口を開ける

暑い日の鳥たちは、口を開けていることが多い。
ただ、日陰にいて見られる機会は少ない
※真夏が初心者の鳥見に向かない理由の一つ

暑い日は、スズメやカラスがぽかんと口を開けている姿をよく見かけます。

なんだか間抜けな姿に見えますが、これは野鳥が暑すぎて「変」になってしまったわけではありません。暑さをしのごうとしているがゆえの行動です。翼を少し広げて脇にすき間をつくり、熱を逃がそうとしていることもあります。

私たち人は暑いとき、皮膚の表面から放熱するほか、汗をかき、その気化熱でも体温を下げることができます。しかし野鳥は汗をかくことができないので、あまりにも暑くなると、口を開

カワウなどの水鳥がのどをプルプル震わせているのも、放熱の効果があると考えられている。水浴び（140ページ）も重要な体温調節の手段
プル
プル
人は汗をかいて体温を調節できる。イヌはやはり汗腺がないので、口を開けて放熱しようとする

けて口内の水分の蒸発を促し、体温を下げようとします。イヌが口を開けてハァハァいっているのも同じ理由です。

しかしそもそも暑い日は、動物たちもあまり活動していません。酷暑の日は木陰などでじっとしていることが多いです。むしろ人は、発汗という能力を獲得したため、暑い日も比較的活動できるようになった特殊な動物だといえます。

それでも酷暑の日は、人にとっても危険です。そういった日は鳥もあまり活動しないので、生き物観察は控えた方がよいでしょう。

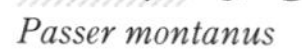

Passer montanus

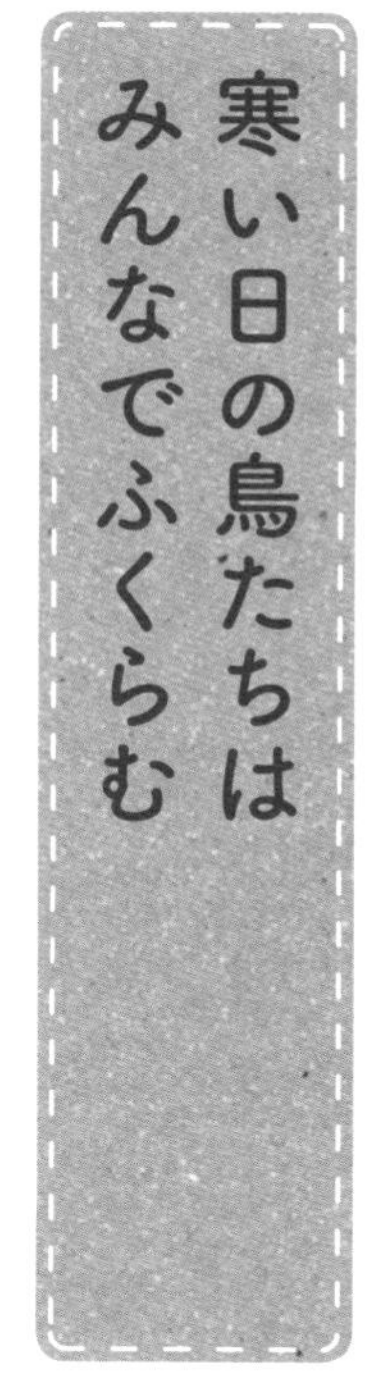

羽毛がたっぷりつまったダウンジャケットは防寒着の定番です。ご存じの方も多いかと思いますが、ダウンジャケットというのは、それ自体が暖かいわけではありません。羽毛のすき間に温かい空気を保持できるので、着ている人自身の体温で暖かくなるという仕組みです。

鳥類も、冬になると目いっぱい羽毛をふくらませて、暖かい空気を羽毛の間にため込もうとします。スズメなどで、太ったようにまん丸になっている姿は「ふくらすずめ」と呼ばれ、冬の風物詩となっています。スズメは寒さをしのごうと必死です

寒いときにはメジロが押し合いへし合い、枝にとまって休むことがある。「目白押し」の語源

が、見た目も可愛いので、インスタ映えすると人気です。他の鳥もみんなふくらみますが、ヒヨドリがまん丸になってる姿は、いつもとあまりに見た目が違うので、たまにハトと見間違えてしまいます。

また、鳥同士がくっついて暖を取ろうとすることもあります。メジロが集まって木にとまっている姿「目白押し」も、お互いの体温で暖め合おうとしているのかもしれません。

いくら羽毛を持っているとはいえ、鳥にとって冬は厳しい季節。様々な方法で寒さをしのごうとしているようです

他の種族との共同生活で厳しい冬を乗り切る

鳥類は基本的に春~夏はつがい単位で子育てをします（コロニーといって、集団で繁殖する種類もいます）。

繁殖が無事終わり、子どもたちが親離れすると、鳥たちの当面の仕事は次の繁殖期まで「生き残ること」だといえます。そのためにシジュウカラなどのカラ類やエナガ、コゲラ、メジロなどは繁殖が終わると、それらの違う種類同士が混じり合って群れをつくります。これを「混群（こんぐん）」といいます。

混群になると、エサを見つけやすかったり（ときには横取りしたり）、天敵に気づきやすかったり（ときには仲間を犠牲にしたり）と、様々な素晴らしいメリットがあります（デメリットもあるかもしれません）。

その年の気候条件やエサ事情が厳しくなるほど、混群をつくる傾向が強まるといいます。鳥たちは生きるために必死です。もしかしたら、気に入らない他種とも仕方なく付き合っているのかもしれません。しかし、鳥見をする人としては、まとめていろんな可愛い小鳥が見られるので、冬の「混群」は、ありがたいシステムです。

混群をつくる鳥たち

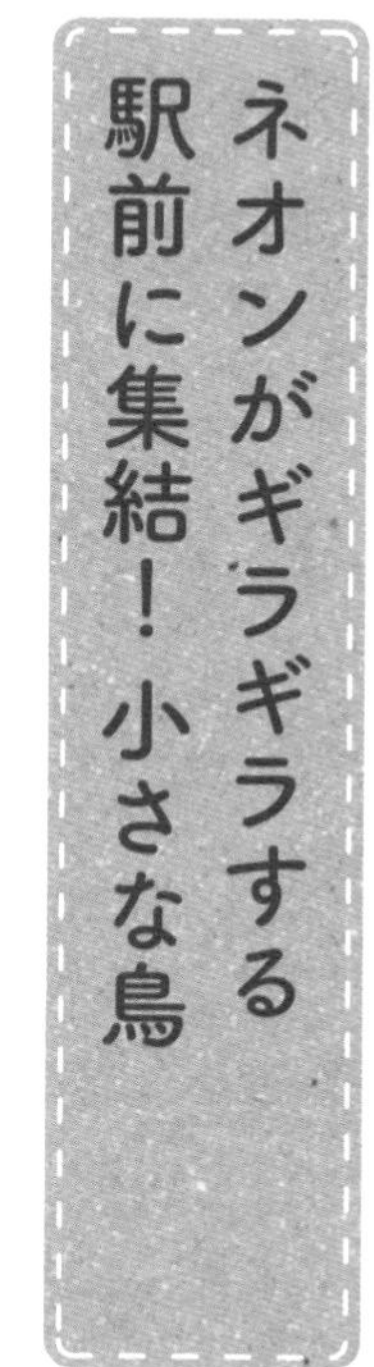

ネオンがギラギラする駅前に集結！小さな鳥

冬の夜、ビルの立ち並ぶ都市部の駅前、およそ野鳥とは無縁に見えるこの環境、この時間帯に、大群でやってくる鳥がいます。ときには数百羽もの群れになり、会社や学校の帰りに、駅前を歩く人たちも、あまりの鳥の多さに驚いて空を見上げます。ハクセキレイです。

この鳥は街路樹やビルのすき間、広告看板の周辺などにひしめき合って、夜を過ごします。人や電車の音で騒がしく、ネオンやビルの灯りがギラギラしている駅前に、なぜねぐらを取りにやってくるのでしょう？　これは天敵であるカラスや猛禽類、ヘビなどから逃れるためとも考えられています。近年はムクドリも都市部で大群になってねぐら入りする様子がよく観察されています。

朝になると、また散り散りになり、それぞれのなわばりでエサをとったりしながら過ごし、また夜になると集まってきてねぐらを取ります。カラスなども似たようなパターンで、昼は散らばって行動するものの、夜に

ビルなどのすき間を見つけて、
集団で夜を過ごす
駅前の常緑樹にびっしりとまって
いるのが見られることも

なると一か所に集まって、集団でねぐらを取ります。

一方、シジュウカラなどは逆のパターンで、秋〜冬は混群の中で過ごし、夕方になると解散して、別々のねぐらで休むようです。

群れがVの字になって飛んでいく合理性

ガン（雁）たちがV字になって群れで渡る姿を「雁行（がんこう）」と呼びます。雁でなくとも、身近な野鳥ではカワウなどで、この陣形はよく見られます。なぜV字になるのでしょうか？

飛行には膨大なエネルギーを消費するので、鳥としては、できるだけ省エネで行いたいものです。実は鳥が羽ばたいたとき、翼の後方に向かって渦を巻いた風が起こります。後ろで飛ぶ鳥はその渦に乗ると揚力を利用できるので、強く羽ばたかなくても省エネで飛ぶことができます。群れで飛ぶ鳥たちはこの渦の存在に気づくと、渦を利用しよう

としてちょっとずつ斜め後ろに位置するようになり、結果的に自然とV字型の陣形に落ち着くようです。ときにはJ字になったり、W字になったりもします。上空の大気の状態などにも形は左右されるようです。

一方、先頭の個体だけは渦を利用できないので、ちょっとかわいそうな気もします。しかし1日に千キロメートルも移動するカナダガンなどでは、先頭はちゃんと交代で務めるそうです。単独では厳しい渡りも、群れをつくり、力を合わせれば可能になることを鳥たちは理解しているのかもしれません。

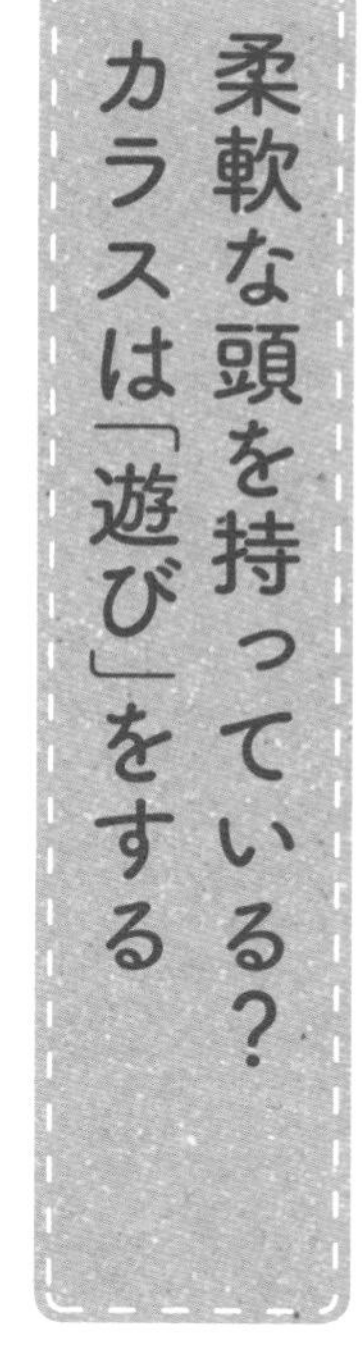

柔軟な頭を持っている？ カラスは「遊び」をする

鳥類は一般的に朝に活発に動きますが、繁殖期でなければ、日中は意外と休んでいることが多い動物です。街のカラスなどは、朝にゴミを漁ってお腹がいっぱいになると、日中は余裕があるのか、「遊び」のような行動も見られます。科学的に遊びといってよいのかわかりませんが、電線にぶら下がったり、すべり台をすべったり……と、あたかも遊びのようです。「野生動物」というと毎日がサバイバルで四六時中緊張の連続……という姿をイメージしがちですが、遊んでいるカラスを見ると、意外と余裕を持って暮らしてい

吹き上げる風に乗って
サーフィン気分

ぶら下がり。パッと足を離して飛ぶことも

スノーボード？
（ロシアのカラス）

すべり台で遊ぶ。何度も
繰り返すカラスも

るのかなとも思えます。

また、人の世界では、遊んでばかりいる人は不真面目だといわれ批難されがちですが、意外とそういう人こそが、誰も思いつかないようなことを成し遂げたり、変化に対して柔軟に対応して生き残れたりもします。

カラスは鳥類の中でも特に頭のよい種族といわれています。好奇心を持って、いろんなことを試す、つまり遊びをするということは、頭のよい生物でなければできません。そして遊びの経験が、将来、大きな環境変化が起きたときに役立つのかもしれません。

自分で自分にケンカを売っている鳥

カーブミラーに映る自分を追い払おうとする

冬によく見られる渡り鳥、ジョウビタキのオス

自然と人の間に起こるいざこざの一つに、野鳥のフンの問題があります。車を持っている人は、車のサイドミラー付近が鳥のフンまみれになって、怒りにまみれたことがあるかもしれません。それはセキレイ類やジョウビタキなどによるものですが、彼らは別に人に嫌がらせをしているつもりはありません。

これらの鳥類はなわばり意識が強く、侵入してきたものを追い出そうとしますが、車のサイドミラーやカーブミラー、窓ガラスなどに映った自分自身をも、敵だと勘違いして攻撃してしまいます。自分自身と争っている

うちに、ミラー周辺をフンまみれにしてしまうのです。鳥たちは、ただ自分のなわばりを守ろうと必死なだけなのですが……。

鏡面に映った自分を認識できることを、「鏡像認知」といいます。イソップ物語では、イヌが池に映った自分自身を認識できなくて痛い目に合ってしまいますが、あれも鏡像認知ができていない例といえます。なお野鳥だと、ハトやカササギは鏡像認知ができるそうです。

近くにジョウビタキやハクセキレイがいたら、駐車中の車のサイドミラーはたたんでおいた方がよいかもしれません。

時期を選べば、都会でも珍しい鳥が見られるかも？

キビタキ

わざわざ遠い山地に行かなくても、春や秋の渡り時期に公園などの緑地へ行けば、山地の鳥が見られることがあります。多くは数日間でその場を離れますが、ときには1週間程度も滞在していることがあります。

比較的見やすい鳥は、例えばキビタキ。夏鳥の中では数も比較的多く、事前情報なしに出かけても、大きな緑地ならば見られる可能性の高い鳥です。のどからお腹の鮮やかな黄色が新緑によく映える鳥です。天気がよい日にはさえずってくれることもあります。

運がよければ、オオルリやサ

夏の繁殖期には山地に行かなければ見られないキレイな野鳥も、春や秋の渡り時期には平野部の公園などで見られる

ンコウチョウ、コマドリなど、姿もさえずりも美しい鳥たちが見られるかもしれません。

また、国内では春や秋にしか見られない鳥もいます。例えば、エゾビタキやショウドウツバメ。これらの鳥は、「夏鳥」や「冬鳥」とは異なり、「旅鳥（たびどり）」と呼ばれるグループです。旅鳥にとって日本は渡りの一時的な中継地といえます。繁殖したり、越冬したりする場所ではなく、通り道や休息場所のような存在です。旅鳥は見られる期間が短いので、出会えると少し得をした気分になれます。

column

双眼鏡の選び方・使い方

鳥見が面白くなってきたら、双眼鏡が欲しくなります。通勤路や通学路で見る用途であれば、コンパクトタイプの双眼鏡が向いているでしょう。最近は小型でも視野が広く、明るく見える機種が出ています。倍率は高ければいいというものでもなく、身近な鳥の観察ならば8倍程度のもので十分です。倍率が高くなると一般的に視野が狭く、暗くなりがちで、初心者には扱いにくいでしょう。価格も、最初は1～2万円程度のものがオススメです。オペラグラスを持っていたら、それで試してみるのもよいと思います。

なお、双眼鏡にはストラップが必ずついています。双眼鏡は、わずかな衝撃で故障しやすい繊細な光学機器なので、落としたりぶつけたりしないよう、首から下げて使いましょう。左右の視力が違う人は、最初に「視度調整」もしておく必要があります（視度調整の方法は機種によって異なるので、説明書を参照してください）。メガネをかけていない人は、アイカップを手前に引き出し、接眼レンズをのぞくと見やすくなります。

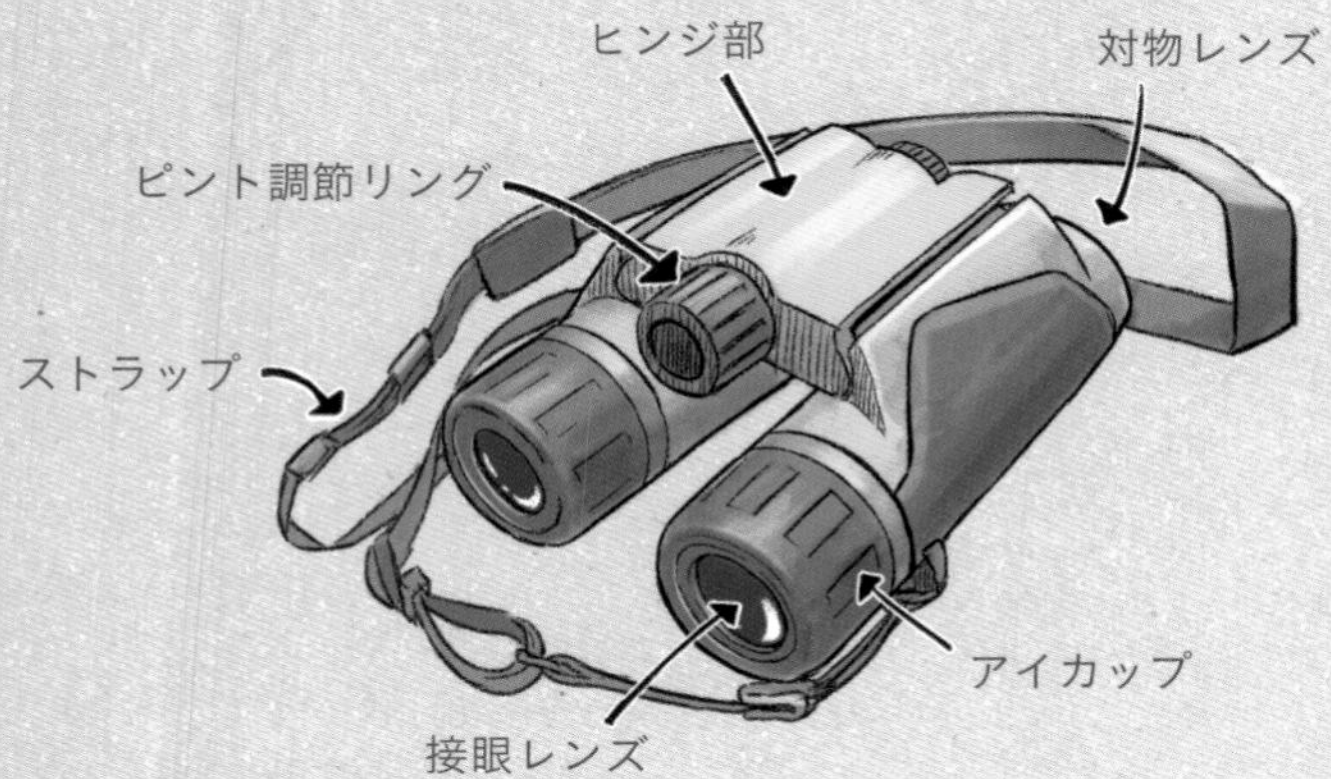

双眼鏡の使い方

1. 肉眼で野鳥を確認する

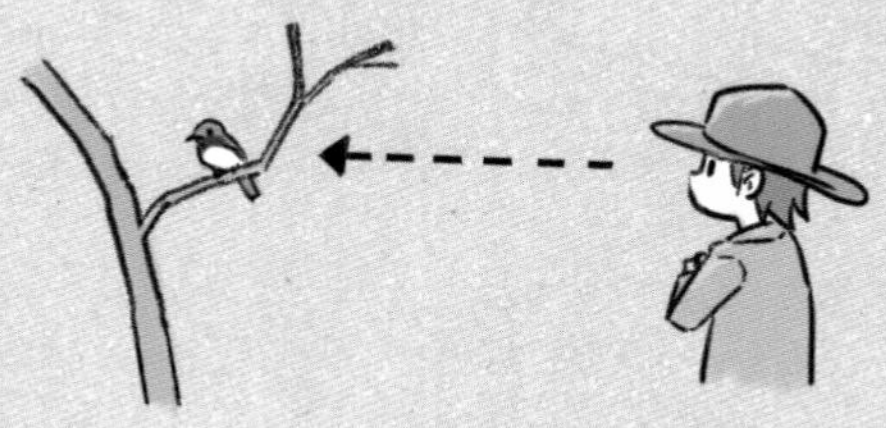

双眼鏡の目幅は、視野が一つの正円になるように調節する

2. 視線はそのままで、双眼鏡を目に当てるようにする

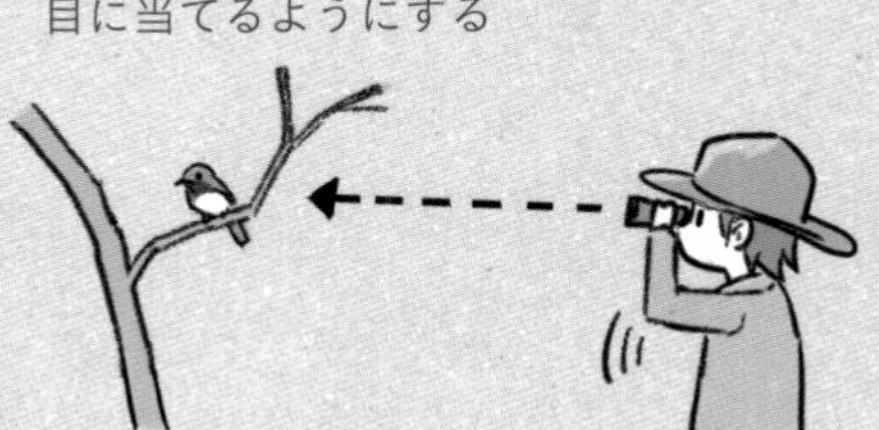

3. ピント調節リングで、ピントを合わせる（視線はそのまま）

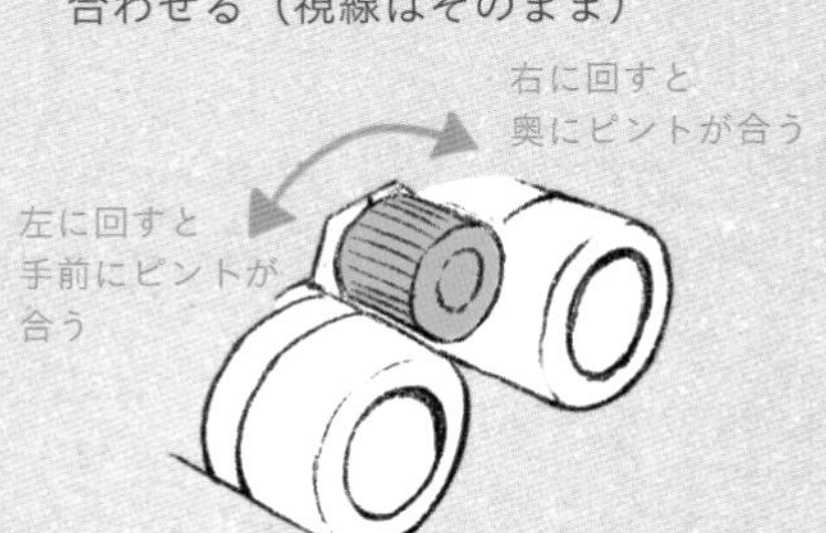

太陽は絶対にのぞかない（網膜が損傷する危険性がある）。また、住宅地であれば、「のぞき」と疑われないように、民家の窓に双眼鏡を向けないようにする

鳥のクチバシ、
人の道具に例えたら？

キビタキ

ピンセットのような細いクチバシで、
樹林内の小さな虫を捕らえる

巻末付録マンガ

野鳥のトラブルSOS！

〜身近な鳥と付き合っていくには〜

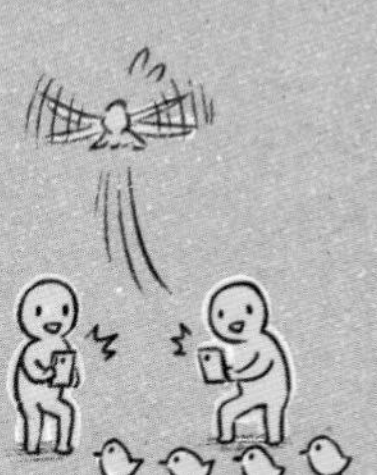

1.ツバメと上手く共生するためには？
あー!
またベランダに
ハトが来てる!
ポー
ポー
パタ
パタ
パタ
もー最悪ー
ゴシ
ゴシ
いつもフンしていくんだから…
鳥なんて
大っ嫌い!
鳥井弥生（とりい やよ）
鳥が大嫌いなアパートの住人
ピンポーン
?
はーい…

先日助けていただいた
ツバメです

…
何でドアホンに映らなかったんだろう…
春になると変な人が増えるっていうもんなー
あとで警察に連絡しておこう…
まあいいか
ガラ
ベランダそうじの続き続き…
ハァ
ハァ
カァ
カァ
助けていただいた…
ツバメです！

ケホ
ツバメを助けた覚えなんてないんだけど…
正確には助けていただいたのは私の子どもたちです

この建物の入り口にツバメの巣があるでしょう

ピピ
実はクレームが多く壊されそうだったのですが…
下を通れない
フンが汚い
あなたがフン受けを設置してくれたので壊されずに済んだのです
ピー
ピー
あー
あれかー
コホ

別に助けようとしたわけじゃないし
汚いのが嫌だっただけだけど…

昔話で…人間に
助けられた鳥は
人に化けて
恩返しをするものと
聞きました
何か私に
できることは
ないでしょうか？

コホン
はい
それではぜひ
お願いしたいことが
あります

わたし
鳥アレルギー
なので
出ていって
もらえますか？

ピシャ
ガチャ

ツバメの巣があるのは人にとってもよいこと

ツバメは縁起がよい鳥として、昔から大事にされてきました。

フンが汚いといった理由で巣が撤去されてしまうこともありますが、都市部ではウンカ（イネの害虫）やハエなどの衛生害虫をとってくれる、ありがたい存在でもあります。

親鳥はヒナを育てるために、1羽あたり2千匹もの昆虫を捕らえるそうです。一方で、建物のスタイルが変わってきたといった理由で、ツバメの数は減っているといいます。ツバメは人のそばにしか巣をつくりません。私たち自身のためにも、上手くツバメと共存していけるようにしたいものです。

ツバメのフンに困ったら

人通りの多い場所にツバメの巣ができて困るときは、ダンボールや厚紙などのフン受けを巣の下に設置すると巣を撤去しなくても済みます。通行人の環境意識を高めてくれる効果も期待できます。

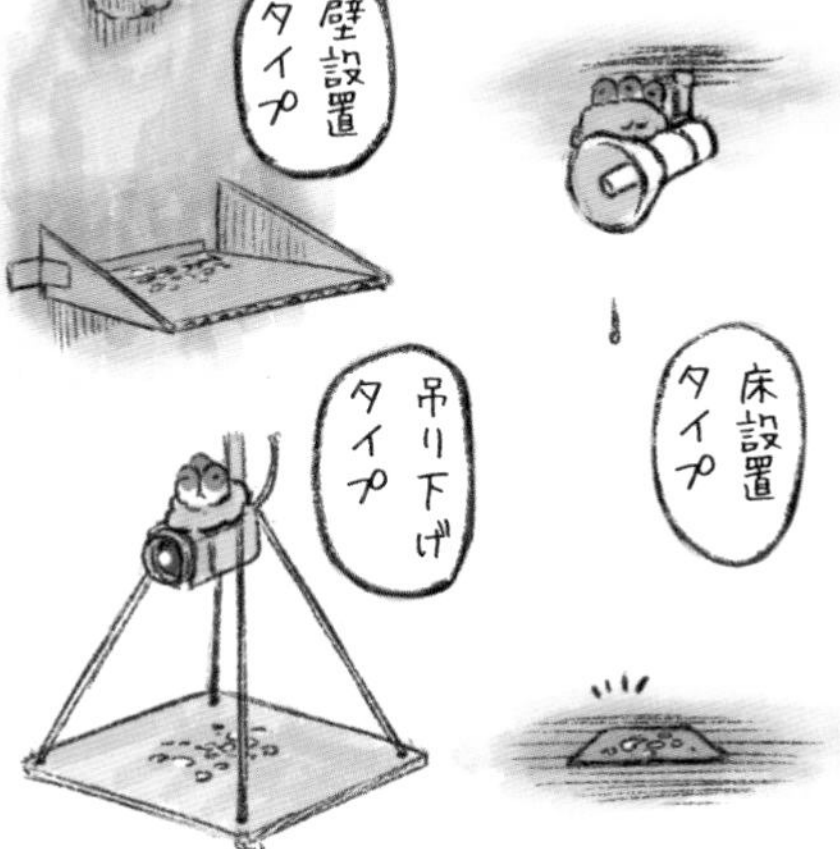

※フン受けが巣に近すぎると衛生的にも悪く、天敵の足場にもなってしまいます。基準はありませんが、50センチメートル程度は離した方がよいでしょう

ツバメの巣が落ちてしまったら

ツバメの巣は壊れてしまうこともあります。よく行われる救護方法は、カゴやカップ麺の容器などに巣材を入れ、再設置をする方法です。

※卵やヒナがいる巣を壊すと、鳥獣保護法違反になってしまうので注意しましょう

2.ハトがしつこくて困るときは？

こらー
パタ
パタ
あー もう… 鳥除け対策も効果なしか…
ゴシゴシ
こんにちは

すみません
ツバメは
こんなものしか
つくれなくて
ツバで泥を
固める
ぺっ
ぺっ
こねこね
汚っ！
羽で反物を
織ってくれるとか
じゃないの!?
は？
鳥の羽で
反物なんて
無理ですよ
？
やめて！夢を
壊さないで！
どうせ
鳥アレルギー
だからいいけど
ん？
何ですか
これ？
ハトが来なく
なるかなーって
思って
こういうの…
よく吊るしている
人がいますが
Genocid 4
オモテ
いらない
ゲームのCD
正直なところ
何じゃこりゃ？
って最初はちょっと
警戒する程度ですね
？
あーやっぱ
そんなもんか～

ハトは一度
気に入った場所に
強く執着します
からね
いろいろ
対策はありますが

フンが残っていると
またハトが来る
原因になりますので
まずは
フンそうじの徹底が
基本ですね
ふーん

そうだ!
鳥井さんは
鳥アレルギー
とのことですから
きゅっ
私がそうじを
やりましょう
恩返し
として!
ホント?
それは
助かるかも

ポロ

ポロ
ポロ

ケホ
やっぱ
いいです
え
なぜですか?
?
いいから
やめれ!

ドバトが来て困るときは？

どことなくおとぼけ顔で憎めないドバトですが、ベランダにフンをされたり、巣をつくられてしまったときには、憎らしくてたまらない存在になるかもしれません。

ドバトは帰巣本能の強さゆえか、一度執着した場所にしつこくやってきます。フンをされたら、キレイにそうじしておかなければ、またやってきてしまうのです。

一度、巣をつくってしまえば、撤去しても、しつこくやってきて、再び巣をつくることもあります。早期の段階であれば、徹底してフンをそうじしたり、物を置かないようにしたりするのが効果的とされています。

被害が重度の段階になれば、対策グッズの購入や業者への依頼も検討した方がよいでしょう。

フンはぬるま湯でふやかし、古新聞やキッチンペーパーなどでふき取る

フンをふき取ったら消毒する

※ドバトは「空飛ぶネズミ」といわれるように、病原菌を持っている可能性があります

早期に対策しないと……

卵が産まれたり、ヒナにかえってから駆除しようとすると、鳥獣保護法もあり、手間や費用がたくさんかかってしまいます

また、ハトへの餌付はやめましょう

NG

ハトが増えたり、定着したりする原因になり、近隣の住民も不幸にしてしまいます

3.繁殖期のカラスが怖いときは？

カラスは巣材にするハンガーを持っていくために
洗濯物を落とすこともありますからねー
器用だなぁ

カラスって
本当に苦手

フン落としてきたり
つきまとってきたり

この前なんか後ろからつつかれたのよ
つつかれた？
ふーむ
それは誤解かもしれませんね…

飛びながらクチバシでつつくなんて
そんな器用なこと鳥は基本的にできません
そのときはきっと「蹴られた」のでしょう
よくある誤解ー
つつくことは基本的にない
カラスも勇気を振り絞って蹴飛ばす
Kick!
そうなの？

カラスも
繁殖期で気が
立っている
ようです
なるべく
巣に近づかない
ようにしたり
刺激しないように
するといいでしょう

そうだよね…
私は苦手だけど
…
カァ
カァー
カラスだって
生態系の中の
大切な一種

ツバメさんの
言いたいことは
そういうこと
だよね?
・・・

はい
カラスも
一応
生態系の
一員ですから
あれ? 目が
笑ってない!?

カァ
カァー
(注)カラスは
ツバメの天敵

繁殖中のカラスが怖いときは？

カラスにつつかれたことがある、という人がたまにいます。また、つつかれそうで怖い、と思っている人も多くいます。しかし実際には、カラスは人をつついて攻撃することはありません。できないのです。

飛びながら、クチバシをつき出して人に向かっていくような攻撃は、カラスにとって無理があります。つつかれたという人は、実際には後ろから足で蹴り飛ばされたのを、つつかれたと誤解しているケースが多いようです。

繁殖期のカラスは、子どもを守ろうと攻撃性が強くなります。巣の近くを通るとき、まとわりつかれたり、後ろから蹴られそうになって怖い思いをすることもよくあります。

人が安全に巣の下を通過するには、傘をさすなどの対策が有効です。

攻撃する前の威嚇行動など

近くに来て、大きな声で連続して鳴く

カァカァカァ

とまり木にクチバシをこすりつけたり、枝を折って落としたりする

カァ

カァ

鳴きながら上空を飛ぶ

……など

カラスの攻撃から身を守るためには

カラスは背後から後頭部を狙ってくるので、巣の近くを通らなければいけないときには、傘をさす、帽子をかぶるなど、頭部を保護しつつ、素早く通り過ぎるのが有効です。

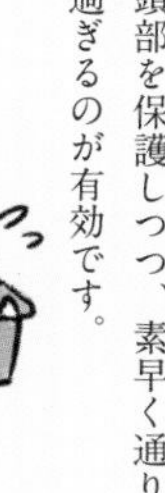

4.野鳥の衝突事故ーバードストライク

ゴッ!!
ん？
何の音
だろう？
ガラッ
？
？

バサッ
野鳥を診てくれる動物病院に運びました
命に別状はないようです
よかった…
ありがとう

鳥って飛ぶの上手いんでしょ
何で窓に衝突したの？
風景が映り込んでいたり
逆に透明で通り抜けられるように見えると
ぶつかってしまうことがあります

何か防ぐ方法はないのかな？
こんなものがありますよ
ゴソゴソ

ペタ

こんなステッカーがあるんだ
バードセイバーといいます
バードストライクを予防してくれます

…
じー…

あっ

すみません鳥が嫌いなのにこんなステッカー嫌ですよね?
ううん
フクロウ
タカ

え?
猛禽類ならけっこう好きだよ

鳥が増えすぎないように食べてくれるから
食物連鎖って大事だよね

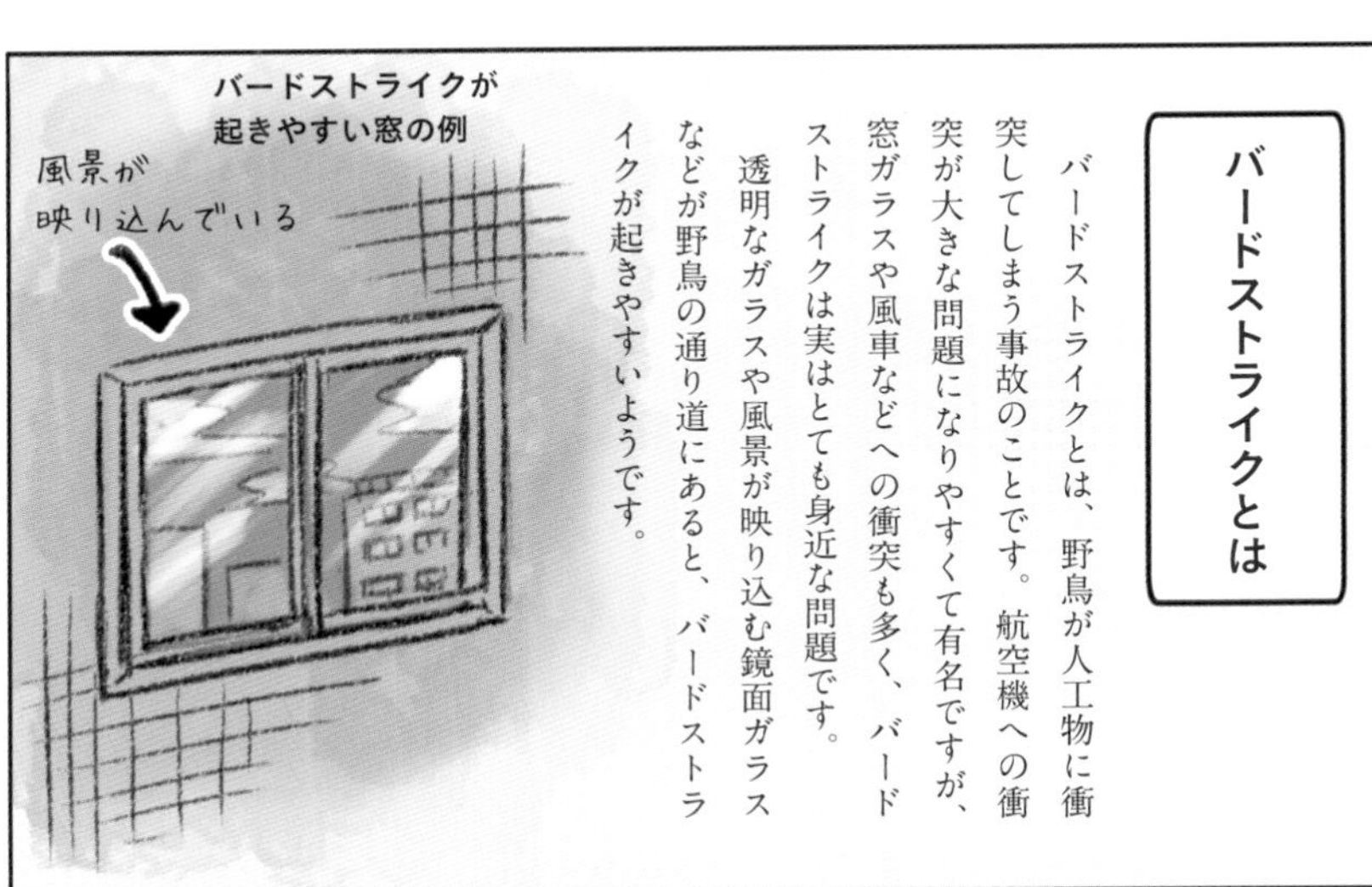

バードストライクとは

バードストライクとは、野鳥が人工物に衝突してしまう事故のことです。航空機への衝突が大きな問題になりやすくて有名ですが、窓ガラスや風車などへの衝突も多く、バードストライクは実はとても身近な問題です。

透明なガラスや風景が映り込む鏡面ガラスなどが野鳥の通り道にあると、バードストライクが起きやすいようです。

バードセイバーとは

バードストライクを防ぐ手段の一つに、バードセイバーというステッカーがあります。窓にバードセイバーが1枚貼ってあるだけで、野鳥に壁があると認識させる効果が期待できます。

市販品には野鳥を驚かせる猛禽類の絵のものが多いですが、どんなステッカーでも効果はあるといわれています。車に貼るスモークシートなどでも有効です。

また、レースのカーテンを閉めるのも効果的です。

見えない壁に当たった？
猛禽類の絵で小鳥を驚かす
シルエットだけでも壁があると認識させられる
うわっ猛禽！
壁がある

5.ケガした鳥を見つけたら？

鳥井さんは鳥が嫌いなのに…
何でスズメを助けてくれたんですか？
ん？
もしかしてニンゲンのツンデレってやつですか
ちげぇよ

好きとか嫌いとか関係なしに人間の暮らしが原因で傷つけたんだから
人間が助けて当然でしょ

あっ電話
PRRR

もうすぐ秋か…
野鳥と人は同じ世界で暮らす生き物
迷惑をかけあってトラブルになることもあるけど

共生の道は
あるのかも
しれない
バサッ

ツバメさん
この間のスズメ
元気になって放鳥されたって
あれ？
ツバメさん

変な恩返しだったけど
ちょっと楽しかったな

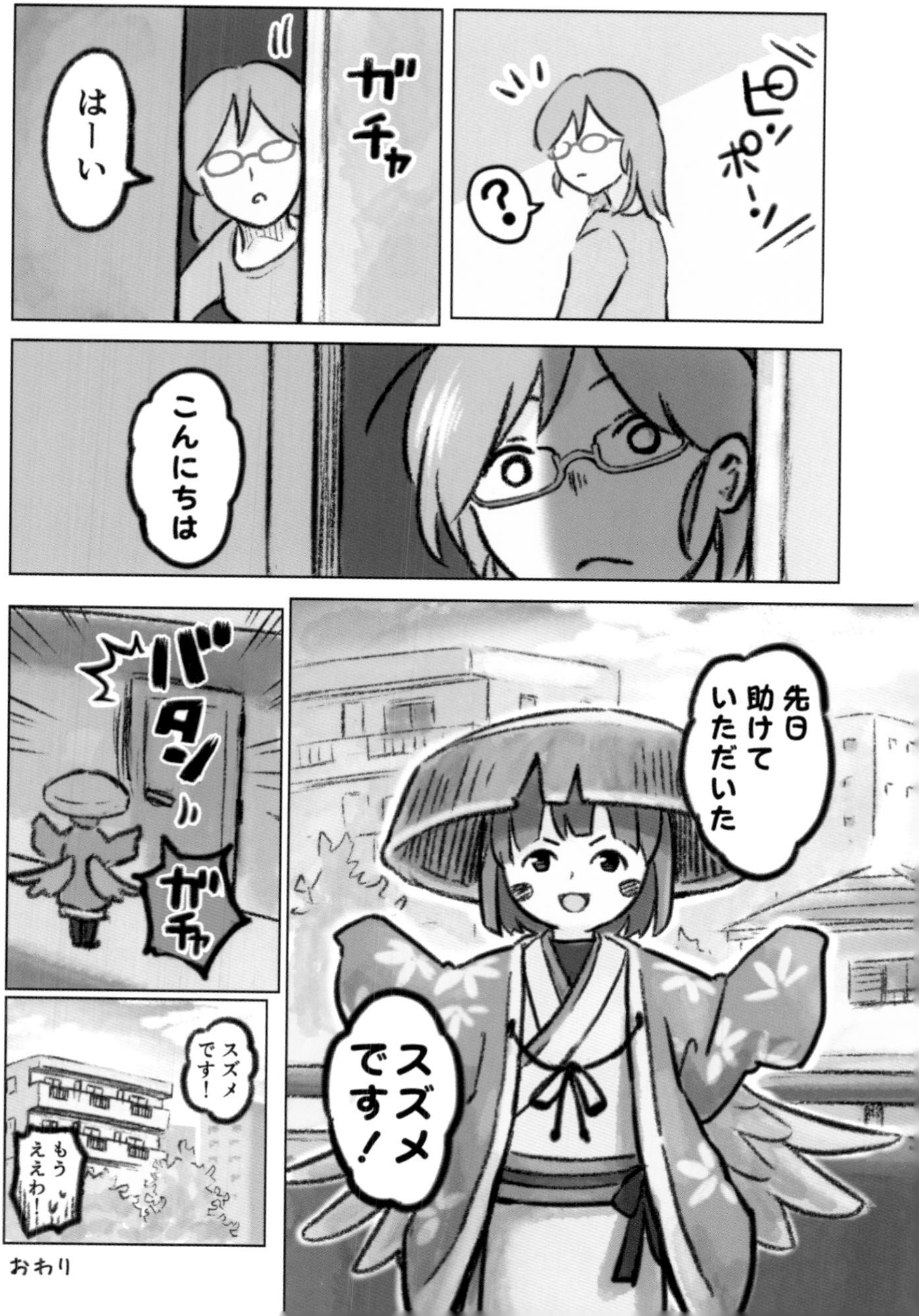

おわり

傷ついた野鳥がいたら

バードストライクや交通事故など、人の活動が原因でケガをした野鳥を、傷病鳥といいます。

傷ついた野鳥を見つけ、対応に困った場合は、まずは自治体の環境課や鳥獣保護課などの担当部署に連絡してみましょう。対応の仕方や、受け入れ先などを教えてくれます。

全国には傷病鳥を救護する施設や個人で診察・治療している動物病院もあります。しかし、ふつうの動物病院は野鳥は管轄外なので、注意しましょう。

人のせいで、親鳥が子どもを置いて逃げてしまった例

鳥獣保護法に注意

たとえ人の活動が原因で傷ついた野鳥を助けようとした場合でも、野鳥を勝手に捕まえると、鳥獣保護法に違反することになってしまいます。

緊急を要する保護であった場合でも、後日、必ず自治体の担当部署に連絡しましょう。

野鳥に触るときは

先述のように傷病鳥を救護しようとする際には、野鳥を触ることもあると思います。しかし、野鳥にとって人に触られることは非常に大きなストレスになります。

なるべく軍手やタオルを使い、優しく、触る時間は最小限にしましょう。最悪の場合、野鳥を助けようとして捕まえたら、ショックで突然死んでしまうということもあります。

助けようとして死なせてしまう例（捕獲性筋障害）

また、野鳥は様々な菌やウイルスを持っています。自身の安全のためにも、野鳥を触ったら必ず手を洗いましょう。

傷病鳥の運搬にはダンボール箱が便利

重要なのは安静と保温

お湯（25〜30℃程度）を入れたペットボトル

※中で転がらないように固定する

底に新聞紙、ティッシュ、タオルなど（爪に引っかからないもの）を入れる

運搬のときは、フタを閉じて暗くしてやると落ち着く

脳震盪だけで外傷がなければ、30分程度で回復する

外側にカイロを貼って保温するという方法もある

クチバシの根元より小さい空気穴をあける

箱はできるだけ鳥の大きさに合わせたものを選びましょう。

※大きさが合わないと中で傷病鳥が転がってしまったり、保温の効率が悪くなったりします

小さい鳥ならティッシュ箱でも

誤認救護に注意！

鳥類の繁殖期である春～夏には、巣立ったばかりで上手く飛べないヒナたちを、弱っている、親がいないなどと誤解し、救護の必要がないのに干渉してしまう事例が多発しています。

そのため、日本野鳥の会なども春には「ヒナを拾わないで」というポスターで注意喚起を行っていますが、誤認救護はまだまだ多く起きています。

人の目に入らなくとも多くの場合、少し離れた場所で親が見守っています。善意で「誘拐」してしまわないよう、巣立ちビナには手を出さず、見守るのが基本です。

巣立ったばかりの野鳥はまだ一人前ではない

飛ぶ練習をしたり

エサのとり方を覚えたり

巣立ちビナの特徴

巣立ちビナは人への警戒心が薄く、道の真ん中に転がっていることもあります。ひかれたり踏まれる恐れがあるときは、近くの植え込みなどに移すとよいかもしれません。少し移動しても、親鳥は鳴き声でヒナの位置がわかります。

おわりに

最後までお読みいただき、ありがとうございます。作者の一日一種です。「一日一種」は変な名前ですがペンネームです。私のペンネームを呼ぼうとして舌をかんでいる方を見ると、いつも大変申し訳ない気持ちになります。ごめんなさい。

さて、最近は様々な生き物本が流行っており、野鳥本も枚挙にいとまがありません。そんな数ある本の中から、本書を選んで手にとっていただいたことに、改めてお礼を申し上げます。

この本は野鳥の中でも、「身近」に見られる種類について、面白い生態をご紹介しています。今は便利な時代なので、テレビやネットの動画で、日本から遠く離れたところにすむ生き物の様子でも見ることができます。私自身も、そのような番組や動画を見ることはよくあり、世界のいろんな生き物のことを知っておくのはよいことだと思います。

一方で、身近だけれども一見地味で見どころがなさそうな生き物には、なかなか目を向けられないのではないかと思います。身近すぎるということで、わざわざ見る価値はないという潜在意識もあるのかもしれません。

しかしどんな生き物でも、一種一種、よくよく見ていると面白いことがいっぱいあります。そして、実際に自分の目で、耳で実物の生き物を観察し、思いがけない発見があったときには、テレビやネットでそれらを見るよりも、はるかに感動が大きいものです。

この本を読み終えたあとには、きっと、日々の暮らしの中で、身近な野鳥への「気づき」が増えると思います。みなさまが、もっと野鳥を観察したい、野鳥と共生していけるようになりたいとお思いになって、この本が少しでもお力になれれば幸いです。

私自身も、まだまだ知らないことがいっぱいです。野鳥観察はこれからも続けていきたいと思います。いつかみなさまとも、フィールドでお会いできるのを楽しみにしております。

それでは。ありがとうございました。

2021年1月　一日一種

参考文献

叶内拓哉/著『野鳥と木の実と庭づくり　木の実と楽しむ、バードライフ』(文一総合出版、2016年)
秋山幸也・神戸宇孝/著『はじめよう！バードウォッチング』(文一総合出版、2014年)
細川博昭/著『知っているようで知らない鳥の話』(SBクリエイティブ、2017年)
谷口高司・谷口りつこ/著『大人のためのバードウォッチング入門』(東洋館出版社、2009年)
箕輪 義隆/著『鳥のフィールドサイン観察ガイド』(文一総合出版、2016年)
唐沢孝一/著『カラー版　身近な鳥のすごい食生活』(イースト・プレス、2020年)
細川博昭/著『身近な鳥のすごい事典』(イースト・プレス、2018年)
藤田祐樹/著『ハトはなぜ首を振って歩くのか』(岩波書店、2015年)
中川雄三/文・写真・絵『水中さつえい大作戦（たくさんのふしぎ傑作集）』(福音館書店、2014年)
成島悦雄/監修、ネイチャー・プロ編集室/編・著『動物のちえ１　食べるちえ』(偕成社、2013年)
成島悦雄/監修、ネイチャー・プロ編集室/編・著『動物のちえ３　育てるちえ』(偕成社、2014年)
松原 始/著『カラスの教科書』(雷鳥社、2013年)
北村 亘/著『ツバメの謎　ツバメの繁殖行動は進化する!?』(誠文堂新光社、2015年)
三上 修/著『スズメ　つかず・はなれず・二千年』(岩波書店、2013年)
ピッキオ/編著『改訂版　鳥のおもしろ私生活』(主婦と生活社、2013年)
蒲谷鶴彦/著、松田道生/文『日本野鳥大鑑』(小学館、2001年)
松田道生/著、中村 文/絵『鳥はなぜ鳴く？ －ホーホケキョの科学－』(理論社、2019年)
樋口広芳/監修、石田光史/著『ぱっと見わけ観察を楽しむ　野鳥図鑑』(ナツメ社、2015年)
日本野鳥の会『バードウォッチング健康法～鳥を見て体と心を癒す～』(2020年)　※小冊子
日本野鳥の会『ヒナとの関わり方がわかるハンドブック』(2013年)　※小冊子

さくいん

※イラストのあるページを記載

ア　アオサギ　136、139
アオジ　106
アオバズク　038
イソヒヨドリ　122
ウグイス　064、105、110、119
ウミウ　049
エナガ　090、113、128、149
オオタカ　034、054
オオヨシキリ　114
オオルリ　159
オナガガモ　040
カ　カイツブリ　041、089、131
ガビチョウ　124
カルガモ　073、097
カワウ　048、136、145、152
カワセミ　063、113、131
カワラヒワ　105
キジ　066
キジバト　058、061、092、101
キツツキ　067
キビタキ　158、162
キンクロハジロ　040
ゴイサギ　047、138
コウノトリ　067
コゲラ　112、149
コサギ　044
コチドリ　094
コノハズク　101
コマドリ　159
サ　ササゴイ　046
サンコウチョウ　159
シジュウカラ　029、069、076、105、126、149
ジョウビタキ　156
スズメ　028、053、069、070、078、108、129、140、144、146
セグロセキレイ　020
センダイムシクイ　111
タ　ダイシャクシギ　098
チョウゲンボウ　084
ツグミ　132、146
ツバメ　052、068、080、142
ドバト　035、056、093、130
トビ　026、051
ナ　ニワトリ　131
ハ　ハクセキレイ　020、131、150、157
ハシビロガモ　042
ハシブトガラス　022、086、102、144、154
ハシボソガラス　024、102
ハヤブサ　085
ハリオアマツバメ　143
ヒガラ　110、149
ヒバリ　117
ヒヨドリ　031、032、088、100
フクロウ　038
ブッポウソウ　101
ヘラサギ　134
ヘラシギ　074
ホオジロ　107、120
ホトトギス　110
マ　マガモ　073
ミサゴ　050
ムクドリ　082
メジロ　030、054、060、089、147、149
モズ　036、053
ヤ　ヤマガラ　149
ワ　ワカケホンセイインコ　029

文・イラスト　一日一種（いちにちいっしゅ）
野生生物の魅力を伝えたくて、マンガやイラストを描いている元野生動物調査員。技術士 環境部門。その観察眼や描写、独特な世界観が、Twitterなどで話題となる。著書に『わいるどらいふっ！ 身近な生きもの観察図鑑』『わいるどらいふっ！2 身近な生きもの観察図鑑』（ともに山と渓谷社）、『探検！里山いきもの図鑑』（PARCO出版）がある。バードウォッチング雑誌への寄稿多数。

本文デザイン　笹沢記良（クニメディア）
校正　池田圭一、曽根信寿
編集　田上理香子（SBクリエイティブ）

身近な「鳥」の生きざま事典
散歩道や通勤・通学路で見られる野鳥の不思議な生態

2021年2月22日　初版第1刷発行
2021年3月6日　初版第3刷発行

著　者　一日一種
発行者　小川 淳
発行所　SBクリエイティブ株式会社
〒106-0032　東京都港区六本木2-4-5
電話：03-5549-1201（営業部）
印刷・製本　株式会社シナノ パブリッシング プレス

本書をお読みになったご意見・ご感想を下記URL、右記QRコードよりお寄せください。
https://isbn2.sbcr.jp/07005/

ISBN 978-4-8156-0700-5